景观小品设计

/ Landscape Sketch Design

21 世纪全国普通高等院校美术・艺术设计专业“十三五”精品课程规划教材

The“13th Five-Year Plan”Excellent Curriculum Textbooks for the Major of

Fine Arts and Art Design

in National Colleges and Universities in the 21st Century

编 著 邓 慧 吕永新

辽宁美术出版社

Liaoning Fine Arts Publishing House

图书在版编目（CIP）数据

景观小品设计 / 邓慧，吕永新编著. — 沈阳 ：辽宁美术出版社，2020.12

21世纪全国普通高等院校美术·艺术设计专业“十三五”精品课程规划教材

ISBN 978-7-5314-8600-8

Ⅰ. ①景… Ⅱ. ①邓… ②吕… Ⅲ. ①园林小品-园林设计-高等学校-教材 Ⅳ. ①TU986.48

中国版本图书馆CIP数据核字（2019）第295772号

出版发行　辽宁美术出版社
经　　销　全国新华书店
地　　址　沈阳市和平区民族北街29号　邮编：110001
邮　　箱　lnmscbs@163.com
网　　址　http://www.lnmscbs.cn
电　　话　024-23404603

封面设计　彭伟哲　王艺潼　孙雨薇
版式设计　彭伟哲　薛冰焰　吴　烨　高　桐

印　　刷
沈阳岩田包装印刷有限公司

责任编辑　彭伟哲
责任校对　郝　刚
版　　次　2020年12月第1版　2020年12月第1次印刷
开　　本　889mm×1194mm　1/16
印　　张　8.5
字　　数　160千字
书　　号　ISBN 978-7-5314-8600-8
定　　价　59.00元

图书如有印装质量问题请与出版部联系调换
出版部电话　024-23835227

序 >>

「　当我们把美术院校所进行的美术教育当作当代文化景观的一部分时，就不难发现，美术教育如果也能呈现或继续保持良性发展的话，则非要“约束”和“开放”并行不可。所谓约束，指的是从经典出发再造经典，而不是一味地兼收并蓄；开放，则意味着学习研究所必须具备的眼界和姿态。这看似矛盾的两面，其实一起推动着我们的美术教育向着良性和深入演化发展。这里，我们所说的美术教育其实有两个方面的含义：其一，技能的承袭和创造，这可以说是我国现有的教育体制和教学内容的主要部分；其二，则是建立在美学意义上对所谓艺术人生的把握和度量，在学习艺术的规律性技能的同时获得思维的解放，在思维解放的同时求得空前的创造力。由于众所周知的原因，我们的教育往往以前者为主，这并没有错，只是我们更需要做的一方面是将技能性课程进行系统化、当代化的转换；另一方面，需要将艺术思维、设计理念等这些由“虚”而“实”体现艺术教育的精髓的东西，融入我们的日常教学和艺术体验之中。

在本套丛书出版以前，出于对美术教育和学生负责的考虑，我们做了一些调查，从中发现，那些内容简单、资料匮乏的图书与少量新颖但专业却难成系统的图书共同占据了学生的阅读视野。而且有意思的是，同一个教师在同一个专业所上的同一门课中，所选用的教材也是五花八门、良莠不齐，由于教师的教学意图难以通过书面教材得以彻底贯彻，因而直接影响教学质量。

学生的审美和艺术观还没有成熟，再加上缺少统一的专业教材引导，上述情况就很难避免。正是在这个背景下，我们在坚持遵循中国传统基础教育与内涵和训练好扎实绘画（当然也包括设计、摄影）基本功的同时，向国外先进国家学习借鉴科学并且灵活的教学方法、教学理念以及对专业学科深入而精微的研究态度，辽宁美术出版社同全国各院校组织专家学者和富有教学经验的精英教师联合编撰出版了《21世纪全国普通高等院校美术·艺术设计专业“十三五”精品课程规划教材》。教材是无度当中的“度”，也是各位专家多年艺术实践和教学经验所凝聚而成的“闪光点”，从这个“点”出发，相信受益者可以到达他们想要抵达的地方。规范性、专业性、前瞻性的教材能起到指路的作用，能使使用者不浪费精力，直取所需要的艺术核心。从这个意义上说，这套教材在国内还是具有填补空白的意义的。

21世纪全国普通高等院校美术·艺术设计专业“十三五”精品课程规划教材编委会

」

前言 >>

「 随着我国城市建设的快速发展，人们对环境品质的要求日趋提高，景观小品在环境中的重要作用越来越凸显出来。景观小品设计逐渐成为改善人居环境、体现城市文化的课题之一。景观小品的学科特征比较特殊，关系到空间环境的各种细微之处，以城市的发展为导向，又根植于城市的文化底蕴，是一个综合交叉而且较为边缘化的领域。景观小品的设计反过来也影响着人们的生活方式，驱动着城市的物质文明与精神文明建设。

本书以我国的实际情况为基础，结合大量发达国家景观小品设计的优秀实例，从景观小品的基本属性出发，对要素、构成、类型、原则、方法等内容进行详细的阐述。根据教学实际情况的需要，结合编者近年来的教学经验与设计实践，以图文并茂的方式，对景观小品设计的基本理论进行深入浅出的梳理。本书内容分为以下五个部分。

第一章，景观小品设计概述。讨论了景观与景观小品的概念，较为深入地分析了景观小品对于景观空间环境的重要作用及其主要的功能与特点。

第二章，景观小品的设计要素。详细阐述了构成景观小品的基本要素、环境要素和心理及行为要素的具体内容。

第三章，景观小品的类型及特征。从景观小品学科倾向特征将其进行分类，分别介绍了景观小品的具体类型、功能目的及设计要点等。

第四章，景观小品的设计原则和方法。介绍了景观小品设计的原则和方法，并结合编者的教学与实践经验，对景观小品设计的流程进行了详细的阐述。

第五章，景观小品设计图例。

本书可作为环境设计、景观设计、园林规划等专业的课程教材。囿于编者的知识结构，书中难免有疏漏和不足，敬请专家、读者予以指正。本书所用图片和表格大部分由编者自摄或自绘，作品为编者所设计，作业为编者指导的学生所绘制，在此对他们表示感谢。本书由邓慧主编，主要编写第一章到第三章；吕永新编写第四、五章。

编　者　2019年10月于无锡 」

目录 Contents

第一章　景观小品设计概述

本章学习重点与难点

景观小品设计的概念与特点；景观小品对景观环境的作用。

本章学习目标

让学生通过对本章的学习，对景观设计、景观小品设计的基本概念和研究范围有较好的认识；了解景观小品与景观之间的密切关系，理解景观小品设计对景观环境产生的影响与作用；在此基础上进一步认识景观小品的功能与特点。

第一章　景观小品设计概述

第一节　景观与景观小品的概念

一、景观的概念

景观一词来源于“风景”，原指自然风景、风景画或庭院布置。景观按中文的字面解释，还可以理解成“景”与“观”两部分内容：“景”是指自然环境和人工环境在客观世界所表现的形象，“观”是这种形象信息通过人们的感官所产生情感与联想的集合。

景观是指土地及土地上的空间和物体所构成的综合体，是复杂的自然过程和人类活动在大地上留下的烙印（图1-1、图1-2）。景观的概念涉及园林、建筑、地理、生态、文化、艺术、哲学、美学等多个学科。不同学科的研究者从各自专业角度出发，提出了对景观一词的理解，并从不同的专业角度来研究景观。景观作为建筑学、城市规划及风景园林的研究对象，主要研究景观的空间布局和实践分布，以创造良好的建筑空间、适宜的人居环境、可识别的城市环境、优美的园林等为目的。地理学将景观视为地域要素的综合体，主要从空间结构和历史演化等方面对景观的影响进行研究。在生态学中，景观是具有结构和功能的整体性的生态学单位，由相互作用的拼块或生态系统组成。

我们可以从三个层面来理解景观的概念。其一，作为视觉美学上的概念，与“风景”同义。景观作为审美对象，是风景园林学科的审视对象。其二，是地理学上的概念，景观是地球表面气候、土壤、地貌、生物等所构成的综合体，类似于完整的生态系统或生物地理群落的概念。其三，是景观生态学对景观的定义，景观是不同生态系统的聚合，包括空间关系、功能关系、性质关系等的聚合。

由于景观是一个动态的概念，它要求人们跨越专业与领域的界限，在综合各学科理念的基础上，更好地将其应用于各种城市规划设计、工程建设、环境改造等具体项目中。

二、景观小品的概念

景观小品是构成景观的重要元素之一，即在景观环境中为了满足某些需要而设立的、具有艺术和功能意义的设施或构筑物。“景观小品”一词，常见于景观设计、建筑学、环境设计、城市规划、雕塑学等学科和行业。各学科对于景观小品有各自的理解倾向，甚至称呼也大有不同。譬如景观学科称其为“景观小品”，建筑学科称其为“室外构筑物”，环境设计学科称其为“公共艺术”，美术类学科称其为“环境雕塑”或“城市雕塑”等，名目繁多而庞杂。景观小品不单为人们的游赏活动提供服务，也是具有观赏价值的艺术品，更是作为一种公共交流媒介而存在，对于景观环境场所精神的形

图1-1　马尔默风景

图1-2　京都金阁寺

成具有重要的意义。

景观小品的定义并不十分明确，可以将景观小品理解成区别于大型建筑、山石、水面以及绿化元素，设置于公共环境之中的小型人工建筑物或构筑物，一般指的是建筑类景观小品、装饰类景观小品和室外家具类小品等（图1-3～图1-5）。景观小品通常既具有一定的实用功能，又具有装饰性的造型艺术特点，还具有某种精神方面的价值；既需要技术上的结构要求，又有造型艺术和空间组合上的美感要求。当我们漫步在城市的街道、广场、公园、商场等公共场所，常会看到这种类型的小品。景观小品是景观环境中的点睛之笔，能够烘托空间主题、活跃空间氛围，对整个空间环境起到提纲挈领的作用。景观小品的用途主要在于供游人观赏、玩味，领会其外在形态美与内在精神含义。主要范围包括建筑类小品——候车亭、公共卫生间、观景台、入口处、亭、廊等；装饰类小品——雕塑、壁画、水景、植物造型、公共艺术等；室外家具小品——坐具、垃圾桶、饮水器、护栏、指示牌、灯具等。

图1-4　赫尔辛基岩石教堂趣味装置小品

图1-3　奥斯陆某景观小品

图1-5　奥斯陆某景观水池

第二节　景观小品对景观的作用

一、组织空间的关系

人们对一个景观环境的感受和理解很大程度上取决于景观小品在组织空间上所起的作用。景观小品兼具观赏价值和实用价值，一方面可作为被观赏的对象，另一方面又可作为观景的场所。因此设计时常以景观小品为载体，借助景观小品的丰富形式组织景观空间，对景观空间起到构图和导向作用，使单一、零散的空间形式更为统一、有序、富有变化，加强景观空间的整体性。可以说景观小品对于景观空间组织的有序性有着非常重要的作用。

（一）作为主景

景观小品的主景作用，指其相对于配景而言，能

图1-6　无锡锡惠公园入口标志与龙光塔是空间的主景

图1-7　无锡蠡溪公园牌坊起分隔空间的作用

图1-8　无锡锡惠公园假山作为障景

图1-9　无锡寄畅园知鱼槛与鹤步滩形成对景

在景观环境中发挥主要作用。作为主景而存在的景观小品，通常是对周围景观空间的一个浓缩与概括，对周遭景色进行深化或提炼，起到点睛作用，具有较高的文化和艺术价值。（图1-6）

（二）制造隔景

隔景，即通过景观小品的设置，将景观空间分隔成不同景区或多个相对独立的空间，来丰富景观的层次性和加强空间的独立性。如在景观中设置景墙、影壁等，使空间隔而不塞，丰富空间层次。（图1-7）

（三）作为障景

障景，就是在景观环境中有意识地设置小品，以遮挡视线、引导空间转向，加强景观环境的空间变化，达到“山重水复疑无路，柳暗花明又一村”的意境。如设置于景区或公园大门入口处的一些小品，主要目的在于阻挡游人前行的路线，将人流向两侧引导，增加游园趣味性。（图1-8）

（四）形成对景

对景即将景观小品设置于园林绿地轴线及风景视线端点，以起到视线引导、加强各景点之间呼应关系的作用。如寄畅园中临水的休息小品知鱼槛，与对岸鹤步滩上的树木石组互为对景。（图1-9）

（五）作为框景

在一些特殊位置巧妙地设置门、窗等能形成虚空间的景观小品，人为地将美景集中在特定视野范围之内并引导游人观赏。作为框景的景观小品通常造型比较简约，类似画框，此手法往往能起到强烈的艺术感染力。如中国传统园林中月门、漏窗等形成的框景效果给园林增添了无穷的艺术魅力。（图1-10）

图1-10　无锡寄畅园漏窗形成框景

图1-11　马尔默海滨坐具与植物元素的结合

图1-12　哥本哈根具象形态雕塑

图1-13　哥本哈根创意结构平桥

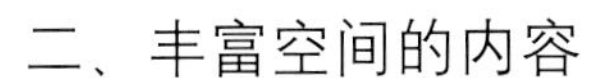

二、丰富空间的内容

（一）从造型元素上丰富空间的内容

景观小品的造型极大地丰富了景观空间的感官内容。其形态、色彩、质感、尺度等因素所营造的景观氛围，给人们在视觉、听觉、触觉、嗅觉等方面形成的心理感受，是对景观环境的适应与尊重，也是对景观审美及文化价值需求的有益补充（图1-11）。景观小品的这些构成因素及其所体现的思想内涵，能够从感官上丰富景观空间的内容，满足人们的审美要求与艺术的享受。

（二）从表现形式上丰富空间的内容

景观小品所在空间环境的使用主体是不确定的、模糊的且流动变化的。针对不同社会层次、教育背景、民族信仰甚至不同国度的主体，景观小品在表现形式上采用通俗而多样的语言媒介，从表现上极大地丰富了景观空间的内容（图1-12）。大众审美心态是景观小品设计的基本态度，设计师的主要责任是将创意与公共性在景观小品中友好地融合，强调审美的公共性，强调作品与环境、与公众的和谐与亲近。

（三）从学科性质上丰富空间的内容

景观小品在设计上要综合考虑，结合各种规范要求考虑功能性，从所处环境的文化底蕴中挖掘人文题材，还要结合景观空间序列的要求，满足使用主体对公共性的需求，符合新时代的环保观念，考虑施工技术与材料等（图1-13）。不仅要达到艺术审美要求，还涉及材料学、力学、心理学、建筑学、环境色彩学、光学、民俗学等学科。这种综合学科的特征从性质上丰富了景观空间的内容。

三、提升空间的价值

（一）提升空间的审美价值

景观小品从某种意义上可以说是人们审美认识的产物，通过艺术的手段使普通的材质具有实质功能和美好形象，美化场地的环境、调节空间的氛围、营造舒适的气氛，带给观者视觉和精神上的艺术享受，使观赏者获得愉悦的审美感受（图1–14）。因此可以说景观小品不但能满足人们的审美需求，而且能提升所在环境空间的审美价值。

图1–14 箱根美术馆极具建筑美感的公交站台

（二）提升空间的交流价值

人具有社会性，交流是人的一种基本需求。在公共空间中的景观小品，如同语言、文字，或音乐、绘画一般，是一个可以促进人与人之间有效交流的媒介工具（图1–15）。景观小品具有通识性和普遍性的特征，这种特征可以跨越时空沟壑、打破语言枷锁，成为人们跨越地域与民族文化限制而交流沟通的立体语言。不论观赏者是何种身份、何种背景，他们都能在不同程度上感受到景观小品所要表达的内容；景观小品也是供观赏者之间互相交流沟通的载体。景观小品提升了空间场所的交流价值，景观小品设置成功的空间环境，其公众满意度必然高涨。

图1–15 赫尔辛基街头休闲景观小品

（三）提升空间满足创造的需求

马斯洛需求层次理论认为，人的需求层次会随着社会的进步不断提高。人的最高价值需求是自我实现的需要，渴望创造的心理是人们普遍具有的，而只有在不断创造的过程中才能实现自我超越。景观小品设计是一门以创造性为基本能力的综合学科。设计师的设计过程充满创造性；景观小品独特的立体形象充满创造性；景观小品与使用主体交流互动的方式充满创造性……景观小品在一定程度上增加了所在环境场所的创造性价值，能使空间环境进一步满足人们创造的需求。（图1–16）

图1–16 哥本哈根大学宿舍楼趣味功能小品

第三节 景观小品的功能与特点

一、景观小品的功能

景观小品的功能内容丰富，在满足人们基本使用要求的同时，还承载着审美价值和人文精神，总体来说主要有以下四个功能。

（一）使用功能

使用功能是景观小品自身具有的直接使用功能，它是景观小品外观显现的主要决定因素，是景观小品外在的第一功能。现代景观设计中，针对空间的不同特定性质来布置小品。例如在商业步行街中，考虑到人们逛街累了的时候需要休息，需要设置休息座椅供人小憩；在公共性景观中，对存在某些重要景观节点的位置，在满足一定观赏距离的位置设置观赏亭，不但可以引导人们驻足观景，遇到恶劣天气时还可以供人们躲避风雨；再如景观夜景照明设计，主要用途是为保障游人夜间休闲活动的安全性，与此同时可以营造氛围；儿童游乐设施小品则可为满足儿童游戏、娱乐、交流所用（图1-17）。这类景观小品充分反映了“以人为本”的设计理念，是人们对空间环境的使用性需求。

图1-17 赫尔辛基住宅楼下的儿童设施

（二）美化功能

景观小品集美化场地、调节氛围、营造舒适气氛等功能于一身，以其形态构成特性对环境起到装饰和美化功能。美化功能包括单纯的艺术处理，有针对性地呼应环境特点和渲染环境氛围。例如雕塑类景观小品通常以主景的方式呈现在景观环境中。作为主景，其体量、色彩、造型等方面通常具有一定的用意，用艺术化的方式来烘托景色。这类景观小品是以独立观赏为主要目的，艺术化的表达则是其主要属性。而室外家具类小品，通常在批量生产过程中可以做到造型美观、材质精细、色彩合理、尺度适中，但是放置到某一特定环境中，它们还需与环境呼应，融合环境特征，具有反映这一环境特征的个性（图1-18）。它们的形态特征需要和周围的环境形成整体的效果，在一定程度上不仅能满足人们的审美需求，也能起到渲染环境氛围的作用。

图1-18 东京六本木之丘地标雕塑小品

（三）安全防护功能

景观小品还具备安全防护功能，保证人们游览、休息或者活动时的人身安全，在环境管理上起到维持秩序和安全、对游人进行引导和指示，同时起到划分不同空间的作用。如各种安全护栏、围墙和挡土墙、指示牌等。（图1-19）

图1-19 马尔默海滨挡土墙

（四）信息传达功能

景观小品具有信息传达的功能，如宣传廊、标示牌、信息公告栏等，能给人们重要的交通提示和引导，为人们直接传达各种信息，给休闲活动提供全面的服务（图1-20）。景观小品自身形象是城市文化内涵的典型表征，凝聚着当地的人文精神和价值取向，间接传递着城市文化，因此也具有文化宣传的功能。

二、景观小品的特点

（一）与环境的协调性和整体性

从设计的行为特征来看，景观小品是从属于景观环

图1—20　美秀美术馆导向牌

图1—21　哥本哈根大学种植池、挡土墙的处理与整体环境协调统一

图1—22　奥斯陆喷涌小品

图1—23　哥本哈根形式丰富的种植小品

境系统的一个分支。景观小品的功能是对景观环境系统功能的进一步细化与完善，是景观环境不可缺少的必要要素。其形态、尺度、色彩、材质等外观因素与周围环境和谐统一，在风格和形式上延续景观系统的总体设计用意，烘托环境氛围，避免产生对立与冲突。此外，其文化内涵的指向也应符合景观系统规划与设计的总体思路。（图1—21）

（二）设计与创作的科学性

景观小品从设计到落地的过程涉及光学、声学、材料、结构、工艺、施工、设备、环保具有多学科特征，具有工程技术性科学特征，需综合考虑各学科可行性才能得以实现（图1—22）。景观小品的设计与创作有别于艺术创作，其构思与创意不能脱离景观环境而存在。景观小品也不可随意搬迁，其设置服从于景观环境整体，具有相对的固定性。应考虑实际特点，结合环境的客观条件，科学地设计景观小品的形式与功能。

（三）功能的合理性与形式的艺术性

形式与功能是景观小品的重要特征，形式的艺术性应以满足功能的合理性为前提。景观小品是直接服务于人的需求的，其形式要素要服从于其实用功能和观赏功能，以合理的造型、宜人的尺度、恰当的色彩、舒适的材质等来满足人的使用需求。此外，景观小品的种类与风格多样，表现形式、组合方式丰富多彩。不论何种风格、何种形式，其形态色彩、尺度大小、色彩应用等应符合形式美的基本规律，如多样与统一、对称与均衡、节奏与韵律等，能带给人舒适、自然、流畅、协调的审

图1-24　上海西岸几何形态植物小品

图1-25　成都太古里自动旋转的雕塑小品

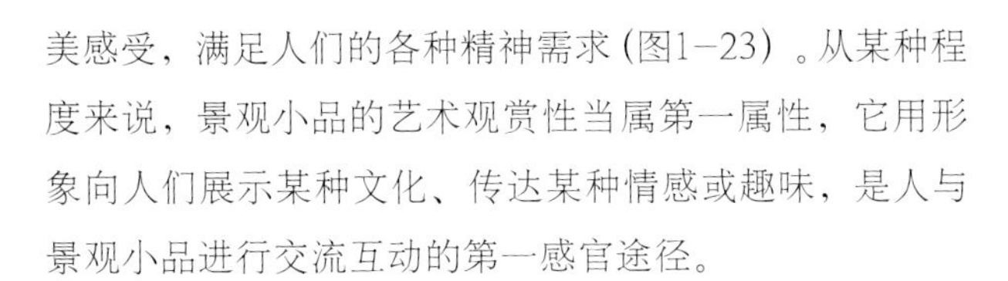

美感受，满足人们的各种精神需求（图1-23）。从某种程度来说，景观小品的艺术观赏性当属第一属性，它用形象向人们展示某种文化、传达某种情感或趣味，是人与景观小品进行交流互动的第一感官途径。

（四）内在的文化性和时代感

景观小品的文化性是指其具有对本地文化进行提升、凝练的文化性特征，能反映当地的社会生活、风土人情以及文化历史等，使景观环境充满文化氛围和人情趣味（图1-24）。我国地域辽阔、民族众多，不同地区生活方式、文化差异巨大，因此各地景观小品也应具有其鲜明独特的文化性特征。

随着生产力的发展，科技的进步与学科的交叉等也会渗透到景观小品的设计之中，体现出时代主题。如利用高科技手段，结合声、光、影等媒介建成的景观小品已十分常见（图1-25）；对环境友好的可再生材料也越来越多地被应用到景观小品中。

「第二章　景观小品的设计要素」

本章学习重点与难点

认识与理解景观小品的环境及行为心理要素；把握设计要素之间的关联性，逐渐掌握处理设计要素的方法与技巧。

本章学习目标

设计要素是景观小品的设计对象。让学生通过对本章的学习，由浅入深、由表及里地形成对景观小品设计要素的认识，并能理解各要素之间的相关性。

第二章　景观小品的设计要素

第一节　景观小品的基本要素

景观小品的基本要素包括三个方面：功能要素、形象要素、艺术审美性。

一、功能要素

景观小品的功能要素指的是在物质和精神方面的具体使用要求，即通常说的实用性。景观小品的功能要求是基本的要求，是设计、建造的主要目的。如景观建筑小品是提供人们休息、等候、如厕等活动的，娱乐设施是用来满足游戏、健身活动的，等等。随着社会的不断发展，人们对景观小品的建筑功能提出了更新、更高、更全面的要求，新型景观小品将不断呈现出来。

景观小品通过其形态、方位、数量、组合方式等对景观环境的功能予以补充和强化。如绿化设施与种植器、休闲座椅以及停车设施等，经常组合出现；而像路灯、景观灯这一类型的照明设施，其本身就是必须通过组合的方式共同发挥作用的元件。景观小品的这些功能往往通过自身与其周围环境的相互作用凸显出来。

景观小品的功能具有复合性的特征，除主要功能之外，通常同时集其他几种功能于一身。常见的做法有把路障、照明灯具等做成石凳、石墩状，可兼具坐具的功能；景观雕塑与指示标志相结合，兼具指示引导功能（图2-1）。如上海前滩公园的休息驿站，除设置卫生间、休息室、提供无线网络之外，还配备了直饮水、自动售货机、储藏柜、雨伞、充电等相关设备，甚至还考虑到紧急情况，配置了心脏除颤器和急救箱，充分考虑到不同使用主体对驿站功能的需求（图2-2）。景观小品功能的复合特征使单纯的功能增加了复杂的意味，在有限的景观元素条件下能进一步完善景观环境的功能，增强环境整体性。

二、形象要素

景观小品的建筑形象主要包括其形态、构建组合方式、材质肌理、体量尺度关系、色彩应用等，能给人带来

图2-1　东京街头景观小品兼具指示引导功能

图2-2　上海前滩公园休息驿站功能多样复合

图2-3　东京街头岩石形态雕塑

图2-4　大阪奥特曼形象的具象雕塑

图2-5　东京街头抽象雕塑

美的感觉，也能体现出地域文化传统与民间艺术风格，表现出一定的个性与时代特征，满足人们的精神需求。

（一）形态

形态是物体的外在造型，是物体在空间存在的轮廓形象。形态是物体最基本、最直观的识别元素，也是人们认识物体、形成第一印象的关键。形态所指不仅局限在物体的外形与轮廓上。由于观测位置和角度的不同，所观测到的物体的外形轮廓也相应产生不同的变化。因此形态还包含其在不同角度下外形的集合。

根据形态的成因，可以大致将形态分为两类——自然形态与人工形态。

1.自然形态

自然形态指在自然法则下形成的各种可视或可触摸的形态。自然形态反映出物体经过千百年的自然进化，与其所处的环境形成的紧密联系，是形态与环境和谐统一的体现，给人舒畅、和谐、自然之感。自然形态中又可分为有机形态与无机形态两种类型。有机形态是指具有再生性质、有生长机能的形态，如动植物的形态。无机形态是指相对静止、不具备生长机能的形态，如风化形成的山脉、流水腐蚀的岩石等。（图2-3）

2.人工形态

人工形态指人类有意识、有目的地创造加工出来的物体形态。人工形态即人造形态，其来源可以是人们对自然环境的学习和模仿，也可以是人们对自然的提炼、解构与再创造。人工形态根据造型特征又可分为具象形态与抽象形态。具象形态是真实再现自然界客观事物的构造形态，能真实反映自然物的形态特征或典型细节（图2-4）。抽象形态不直接模仿自然，而是对自然物的高度概括和提炼，将具体的形象简化为纯粹的几何形态。（图2-5）

景观小品的形态不同，其所产生的情感与性格也会有很大的差异。（表2-1）

（二）建构

形态是由形的基本要素构成的，这些基本要素即我们常说的点、线、面和体。点、线、面和体是抽象的概念，其最显著的特点是具有相对性。点是最小、最基本的元素；点的定向运动产生了线；无数的点的组合或线的排列形成面；面的组合构成体。一切景观元素都可以看成是这些基本要素的单元形态，或者是由这些基本要素通过一系列的建构方式组合而成的。

1.点的建构

点的形态是多样的，不仅仅限于圆形；在空间中相对环境体积比

表 2-1

形态	情感表达	景观小品示例
正方形	牢固、端庄、典雅、古朴  	
长方形	明快、坚固、强健、深沉  	
圆形	欢快、柔和、亲切、跳跃  	
三角形	锐利、收缩、个性、变化  	
菱形	清丽、轻巧、刚毅、新锐  	

较小、长宽高比例趋于近似的元素都可以视为点。点能形成视觉上的焦点；点具有聚集性能，可以衍生出各种形态，产生出人意料的效果；当点的大小或是排列有疏密变化的时候，还能形成运动感。（图2-6、图2-7）

2.线的建构

线具有明显长度特征的形态，垒积是线元素最基本的构建方式。以线为单位，通过粘贴、焊接等结合方式组成基本框架，再以此框架为基础可建构成框架结构。线元素按照一定的结构关系交接、穿插，则构成形式丰富的网状结构。线的构建应注意元素之间空隙的大小和韵律感。（图2-8）

3.面的建构

面的常用建构手法是排列、折叠、插接、弯曲、翻转、切割等，能使面呈现出非常丰富的形态，具有极强的表现力。面的排列，是将面元素以一定规律进行不断的连续重复应用，如放射、渐变、旋转等。面的折叠，取决于折叠的方法与角度。面的插接，是通过对面元素进行裁剪、穿插、相互钳制，形成丰富的立体形态。（图2-9、图2-10）

4.体的建构

体占有一定的空间和体积，体的建构讲究形体的对比，如曲直、长短、刚柔、空间正负形等因素的对比变化等。建构的基本方式是分割和聚集。体块的切割是对整体进行分割，通过减法的手段创造新的形态。体块的聚集是将一定数量相同或不同形态的元素堆积而形成新的形态。（图2-11、图2-12）

（三）材质

景观小品材质的类型丰富，与建筑用材大致相同，有石材、木材、金属、陶瓷、玻璃等。材质的表现特性不仅在于其质感、肌理、颜色等，同时还传递出柔软、粗糙、坚硬、细腻、沉重等不同的个性特征。(表2-2)

1.材质的类型

(1) 石材

石材质地坚硬，具有良好的耐久性和耐磨性，带给人坚固雄伟的感觉。石材有天然石材和人造石材两大类，是一种高级的装饰材料，广泛应用于

图2-6　横滨某广场由点构成的地面铺装形成运动感

图2-7　广岛现代美术馆由单元组成的雕塑群

图2-8　横滨地标塔大厦入口雕塑

图2-9　横滨港由面的排列构成的雕塑群

图2-10　东京街头由面的插接构成的小品

室内外环境中，如景观亭、景墙、地面铺装等。（图2-13）

（2）混凝土

混凝土价格低廉，工艺简单，抗压强度高，耐久性好，在景观小品中应用十分广泛，如挡土墙、种植池、坐具等。（图2-14）

图2-11　重庆洪崖洞由体块堆积构成的雕塑"记忆山城"

表 2-2

材质	感觉特征
石材	冷漠、死板、凉爽、单调、光滑、粗糙、坚实、暗沉
混凝土	拘束、呆板、稳重、坚硬、结实、厚重、理性、冷漠、廉价
木材	自然、亲切、粗糙、雅致、感性、手工、协调、古典、温和
竹材	坚韧、淳朴、自然、野趣、清新、坚韧、淡雅
金属	坚硬、现代、光亮、冷酷、华贵、柔韧、笨重
陶瓷	精致、整齐、贵重、冰凉、易碎、古典、华丽、光洁
玻璃	光亮、干净、通透、科技、棱角、人造、自由
塑料	轻巧、艳丽、时尚、弹性、科技、廉价、人造
橡胶	笨重、弹性、束缚、呆板、柔软、不洁净、人造

图2-12　上海前滩公园由体块组成的小品

（3）木材、竹材

木材具有容易获得、便于加工的特点。木材有天然的纹理和色彩，具有朴素、自然的感觉。竹材也是天然材料，相较于木材其可再生性更强。花架、坐具等近人性质的景观小品常采用木材、竹材。（图2-15）

（4）金属

金属种类繁多，普遍具有坚硬、耐弯曲和耐拉伸的

图2-13　东京都厅石质小品

图2-14　广岛和平公园混凝土建成的纪念碑

图2-15　四川美院木质长廊

图2-16　广岛某处金属质感的雕塑

图2-17　神户港陶瓷质感的小品

特点，带给人现代、时尚之感。由于种类及加工工艺的区别，金属材质可呈现出光滑、粗糙等的不同质感。如不锈钢和耐候钢板同为金属材质，在质感和表现力方面却有很大差异。路灯、路障、停车设施等常采用金属材质。（图2-16）

（5）陶瓷

陶瓷的表面光滑，质感坚硬，色彩丰富，且易于造型。利用陶瓷能制作出形态丰富、造型多变的景观小品，常用于景观装置的装饰中。（图2-17）

2.材质的肌理

肌理是材料表面的纹理组织特征。肌理可为自然肌理和人工肌理，前者是指物体表面自然形成的各种纹理，如树皮、树木的年轮等；后者指经过人加工之后形成的纹理，通常具有一定规律性和形式美感。景观小品合理采用材质肌理，能赋予单调的形态更多内容，增加其形象表现力。

（1）光滑与粗糙

粗糙的表面肌理带给人自然、亲切、淳朴、厚重等心理感受，如天然的石材、木材等。光滑的肌理给人精细、明亮、清冷、坚硬等心理感受，如玻璃、金属等。需要注意的是，肌理的形象表现力是相对的，同样的材质因为表面肌理的不同，其传递的情感也很有大差异，比如光滑的石材与粗糙的石材。（图2-18）

图2-18　广岛现代美术馆石质雕塑表面肌理变化丰富

图2-20　大阪难波公园的透明材质雕塑

图2-19　广岛和平公园水体与玻璃材质形成对比

（2）柔软与坚硬

柔软的肌理给人温暖、柔和的心理感受，如景观环境中的植物、水体、土壤等天然元素。另外，造型柔软的各种曲线也会带来类似的感受。坚硬往往是混凝土、金属、水泥、玻璃等人工材质带给人的感受。（图2-19）

（3）反射与透明

反射是玻璃或金属材质的表面属性，充满现代感和时尚感。由于能映现出周围环境，有反射性能的材质具有较好的互动性。透明是玻璃、亚克力、水体等材质的属性。（图2-20）

3.材质的应用

大多数材质在应用时都需经过适当的加工处理，还需考虑景观小品的功能、造型、色彩等因素进行选择。材料应用是环境是否舒适、安全的重要因素，尤其需要注意的是，理想的环境并不是靠华丽的材质堆砌而成的，美与材料的档次和数量并无直接关系。因此，用材还应对材料的属性有充分的认识和了解；考虑景观小品所处环境的特殊性；注意材质的对比与协调等。

（四）尺度

尺度是以人为参考对象的一个相对的概念。它的大小一般根据物体的使用功能、使用者的心理或视觉要求以及空间环境的尺寸来确定。不同尺度的物体具有不同的表现特征。尺度高大的物体通常给人强壮有力的感觉；尺度矮小的物体一般有秀气、轻巧的感觉。尺度适宜的空间是亲切、温和的，当人们身处其中时，应以满足正常的使用功能为前提；自然尺寸的构件能使人感觉自然、愉悦。景观小品的尺度要从两层关系上去理解。

1.造型尺度与人的尺度

景观小品自身的功能形态尺度，如坐具的高度、靠背的弧度、景观亭的宽敞度等与人的尺度关系。

2.造型尺度与环境尺度

景观小品相互之间的形态体量关系，以及景观小品自身形态尺度与周围景观环境的空间尺度关系。

另一方面，尺度可以理解为是形态切割空间体量的大小。景观小品在空间中通过实体部分占据一定体量，即正形，同时它的虚体部分也形成了负形。正形对空间进行划分，而负形是对这些空间的补充，彼此相互依存、制约平衡。通常物体正形所占的空间越大、负形越小，视觉感受越沉重。反之，负形越大，视觉感受则越轻盈。

当然物体传达给人们的心理感受不仅仅只通过它的尺度，还与它的材质、颜色、形态动势密切相关。

（五）色彩

1.色彩的属性

色彩有色相、明度、彩度三种自然属性。明度表示色彩的明暗程度，色相表示色彩的相貌，彩度表示色彩色相的强弱程度。色彩的自然属性与物体的材质属性密切联系在一起，呈现出无限变化的可能。色彩还具有温度感、距离感、重量感及尺度感等物理效应，以及由此给人带来多种积极的或消极的情感体验。色彩的这些属性能将景观小品及其环境的设计意图有效地传达出来，更好地实现其物质功能及精神功能。

表 2–3

国家和地区	喜欢的色彩	忌讳的色彩
中国	红色、橙色	黑色
日本	黑色、红色	绿色及藕荷色
马来西亚与新加坡	绿色	白色、黄色
土耳其	绿色、白色、绯红色	花色
伊拉克	蓝色、红色	橄榄绿、黑色
埃及	绿色	蓝色
保加利亚	灰绿色、茶色	浅绿色、鲜明色
德国	黑灰色	茶色、红色、鲜明色
法国	灰色、黑灰色、黄橙色	墨绿色、黑茶色、深蓝色

表 2–4

国家和地区	喜欢的色彩	忌讳的色彩
意大利	绿色、黄色 橙色	黑色
比利时	—	蓝色
爱尔兰	绿色	红白蓝组色
瑞典	—	蓝黄组色
挪威	红色、蓝色、绿色	黑色
西班牙	黑色	黑色
美国	蓝色	—
泰国	鲜艳的色彩	黄色、黑色
中国港澳地区	红色、绿色	蓝色
古巴	鲜明色彩	—
秘鲁	—	紫色

色彩具有辨认性和象征性特点。色彩虽然依附于形体，但比形体更加引人注意，能唤起人们的第一视觉。色彩随着色相、明度等差异变化，能赋予人不同的感知。如暖色给人感觉突出、向前，冷色则有收缩、后退之感。色彩本身呈现出多姿多彩的面貌，给人带来的情感与认知体验也千差万别。不同的国家与地区、不同的民族与信仰、不同年龄、性格与爱好的人对色彩都有不同的喜好及禁忌（表2–3～表2–5）。在进行色彩设计时，通常以人们约定俗成的传统习惯为依据，对色彩的辨认性和象征性加以利用，传达设计意图。如红色表示警戒，绿色表示畅通，黄色表示提醒等。

表 2-5

民族	习惯用色	忌讳
汉族	红色(表示喜庆)	黑白(多用丧事)
蒙古族	橘色、蓝色、绿色、紫红色	淡黄色、绿色
藏族	白色(代表尊贵) 黑色、红色、橘黄色、深褐色	淡黄色、绿色
维吾尔族	红色、绿色、粉红色、玫瑰红色、紫色、青色、白色	黄色
苗族	青色、深蓝色、墨绿色、黑色、褐色	白色、黄色、朱红色
彝族	红色、黄色、蓝色、黑色	—
壮族	天蓝色	—
回族	蓝色、绿色	不洁净的色彩
京族	白色、棕色	—
满族	黄色、紫色、红色、蓝色	白色

2.色彩的应用原则

色彩的搭配具有一定的复杂性，但也有一定规律可循。处理色彩关系通常根据“大调和、小对比”的基本原则，即整体统一、协调的原则。即大的色块之间讲究协调，小的色调与大的色调间讲究对比，在总体上强调统一，局部形成对比，起到点缀的作用。（图2-21）

如整体环境全部是以冷色调进行装饰的，那么将变得冷漠、单一、毫无生气，很难激发起人们对环境进行识别，其参与度也就大打折扣。如果以暖色调来装饰环境中的建筑、构筑物以及公共设施，整个空间将充满活力、热情的气氛。英国城市环境规划在整体色彩上，把建筑物处理成较为统一的暖灰色调，公共设施则采用高明度的鲜艳色彩，利用色彩的对比增强公共设施的辨认度。同时暖色调的点缀也将整个空间打造成温馨的场所，在这样舒适宜人的场所里，人们对环境的参与度很高，相互交流的意愿也会提高。（图2-22、图2-23）

三、艺术审美性

（一）对比与统一

对比与统一是形式美感法则中非常重要的一组法则。统一的视觉感受来源于重复、近似等规律性手法的

图2-21　大阪梅田蓝天大厦标志性小品色彩鲜艳

图2-22　大阪难波公园用色彩明亮的小品装点环境

图2-23　广岛基街credo用色彩艳丽的小品渲染商业气氛

图2-24　广岛现代美术馆材质不一、整体统一的雕塑

图2-25　京都火车站亭、树池的方向与环境形成对比，整体统一

应用。对比是打破完全统一的形态，为其带来变化和活力。统一的因素占比越大，整个物体越趋稳定、大气；对比的部分占比越大，效果更加轻快、活跃。

在景观小品中，应用对比与统一的形式法则可以很好地平衡景观元素的主从关系，使景观环境主次分明，重点突出。又可以丰富所在环境的景观层次，增添景观效果。对比主要是指通过比较突出景观元素的各种细微差异性；而统一主要是指将各部分元素用协调的方式组织起来。首先反映在景观小品设置的方位上，也就是方向的对比。其一是重要与一般的对比，较为重要的与一般重要的小品要体现出位置的对比，凸显出其中的差异，分清从属关系。重点与一般是相对的，如果没有一般就不会凸显出重点，重要的景观小品也是最主要的内容，是人们最常关注的部分，因此要格外认真对待。其二是体量的对比，在景观小品造型设计时，通过多个小体量的造型衬托较大体量的造型，或通过形态之间的差别来形成对比，以突出其重要性。其三是色彩的对比，通过对景观小品色彩的色相、明度、饱和度等进行对比，给人形成不同的视觉感受。其四是质感的对比，对景观小品的材料、光泽以及表面的肌理进行对比，给人形成不同的体验。总体来说，景观小品的方位、体量、形态、尺度、色彩、明度等关系存在对比关系，这些因素对景观小品的重要程度都能产生一定的影响，对其进行调整改变时要恰到好处，否则会影响整体环境的统一性。（图2-24、图2-25）

图2-26　广岛和平公园富有节奏感的纪念小品

（二）节奏与韵律

节奏与韵律是形式美感的一种基础形式。节奏是指有规律的重复，用反复、对应等形式将元素加以有规律的组织，比如高低、大小、强弱等。韵律是节奏的变化形式，韵律使重复的元素有了强弱、抑扬顿挫的变化，产生优美的律动感，如高低的变化等，通过韵律可以给人们一种生动以及多变的感觉。

景观小品设计要根据节奏与韵律相结合的审美特点，使整体的统一性得到加强。韵律的形式包括以下几种：第一，连续的韵律。是指一种或者几种要素连续地排列而形成的，并且各要素之间要保

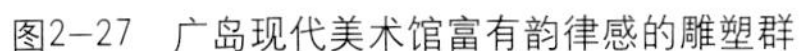

图2-27　广岛现代美术馆富有韵律感的雕塑群

图2-28　东京都厅对称形式的雕塑

图2-29　四川美院均衡形式的雕塑

持比较稳定的关系。第二，逐渐变化的韵律。其形式主要有形态大小的逐渐变化、形态方向之间的逐渐变化、形态位置的逐渐变化等。第三，交错变化的韵律。主要是指各个组成部分按照一定的规律交织而形成的。应用到景观小品设计中，对称、反复以及渐变等构成形式的节奏感较强，可以提高景观小品的艺术性价值，突出其美感。（图2-26、图2-27）

（三）对称与均衡

对称是自然界中最常见的构图形式，具有稳定、大气、端庄的特点，给人带来高贵、理性之美感。对称是指造型空间中心点的两边具有一定的对称性，如人体躯干就是典型的对称的物体。均衡是一种特殊的对称关系，是根据物体的大小、颜色、材质等因素特征，依视觉重心进行分配和调整，达到视觉和心理上的平衡状态。与对称相比，均衡富有变化、更具活力。

对称是景观小品设计中较为常见的造型手法，其不足在于容易产生单调、呆板之感，因此设计中要合理使用对称的形式。对称的造型通常可以与空间构图、体量大小、色彩以及材质等元素的局部对比相结合，营造一种较为稳定的平衡关系。通过均衡的形式可使得景观元素整体的统一性和稳定性得以强化。（图2-28、图2-29）

第二节　景观小品的环境要素

一、系统性

美国学者凯文·林奇根据城市人们对城市的意象，将城市空间的物质形态归结为五种基本元素——道路、边沿、区域、结点和标志，它们相互联系、共同作用，构成城市空间景观环境的客观形象。如道路与边沿是线性渠道，线性要素通过围合形成区域；多道路的交叉口为结点。而在这个系统中，凡具有特殊参照性、能让人们感觉和识别城市的重要参考物均可以构成标志，它可以是一座建筑物，也可能只是一个招牌、标识等。城市中的景观小品具有“标志”的属性，是作为城市景观空间环境的元素之一分布其中，具有明显的从属关系。

景观小品设计的系统性还有另外一层含义。景观小品之间是相互影响、协调的关系，构成自己独立的体系，即一致性。一致性主要是指在同一道路、同一街区，甚至同一城市之内的景观小品应在形式和内容上保持相对的稳定性。比如同一条道路不宜出现两种不同风格的休闲座椅，另外休闲座椅的形式也应与周边绿植类、其他室外家具类景观小品造型风格保持一致。一定区域内的景观小品不仅在外观形态上应保持一致，甚至在使用方法、文化价值内涵等方面也应趋同，以有利于使用者的识别与使用。（图2-30、图2-31）

二、公共性

公共性是指社会权力及利益分配上共有、共享的归

图2–30　横滨港口营运码头的公共家具极具系统性

图2–31　大阪街头护栏与坐具的形式、材质保持一致

属关系。从社会意义来看，公共性是指一种社会领域，即所谓公共领域。一切公共领域都是相对于私人或私密性领域而存在的。从近、现代世界历史来看，公共性作为一种社会共同体的理想方式及公民的共同精神追求，旨在使我们每个人都共同置于公益的最高指导之下，并且我们在共同体中能接纳每一个成员。这意味着公共性与民主化建设相辅相成，城市的建设必须开辟与营建社会公共领域。

公开性则意为某种事物、信息或观点的公之于众、向大众开放。景观小品具有“公共性”，不仅是指其在物理空间上处于开放性或公开性的场所，更是指向于其在权利、利益上面向公众、服务于公众的性质。

景观小品的设置领域是开放性的公共空间，其设置的根本目的在于体现一个社会的公共精神和利益。这反映在三个方面：其一，景观小品的形态类别没有特定的限制；其二，景观小品面向的是非特定的社会群体；其三，景观小品的设计实施方式和过程中创作者和使用者是共同参与和协作的。

加强景观小品设计的公共意识，注重与人们的对话，才能使景观小品成为社会共同拥有的公共资源。其形态中所体现的功能与形式、艺术与科学，互相融合、统一协调时，景观小品才会成为景观环境有机的一部分，并与环境整体共生共存。

三、场所性

空间是功能的载体和行为的媒介，场所则是指发生事件的空间，包含了物质因素与人文因素的生活环境。缺少人的活动和身心投入的空间只存在物理的尺度概念，没有实际的社会效益；人的行为活动的介入，使空间构成了行为的场所。当景观小品以其形态功能与人的行为、活动、环境互相产生影响时，如人在景观亭休憩、在公交站候车、在座椅中休息等人们与景观小品互动的各种情景，景观小品的场所性就凸显出来。场所性体现的是景观小品、空间、行为的互动关系和场所效应。

场所的概念可大可小，其物质空间实体的特点，如尺度、围合关系等决定了景观小品的大小、形式、种类、数量等因素。

（一）场所空间的尺度

场所的规模大可至街区、公园、城市广场等，小到街道一角、校园一隅。场所空间的尺度对人及景观小品的影响直接反映在人们的生理及心理方面，使人们产生各种心理感受从而影响人们采用的活动方式。这一连锁反应将影响景观小品的设置数量、体量、设置形式等。

（二）场所空间的序列性

毗邻场所的一些小空间，如小巷、支路、庭院等是场所的延伸，与场所共同构成环境整体。场所与其辐射的空间存在着序列的变化，使景观小品设计中必须整体考虑环境各种要素的相互影响，针对不同性质的空间重新整合与改变，呈现出空间多种层次、功能多重复合的趋势。

研究景观小品的场所性最终目的是了解场所中人们的活动规律，通过对其正确分析，解决人—景观小品—环境三者之间的关系。

四、文化性

文化性也可以称为景观小品的文化内涵，是指其在文化价值方面的内在倾向性。景观小品的文化属性特征从属于其所处环境的文化特征，这个“环境”包括国家、民族、地域、城市及区域等。这种深层的文化积淀，是人类文明的结晶，它包括地域文化、民俗文化、文化底蕴、文化发展等。（图2-32～图2-35）

图2-32　无锡鸿山遗址公园公交站

图2-33　北京798艺术区戴红领巾的人物雕塑

图2-34　成都东郊记忆戴军帽的卡通人物雕塑

图2-35　重庆某河边的坐具形式与材质极具地域性

（一）地域文化

地域文化是在地质、地形、气候等自然环境因素的影响下，在长期的社会发展变革中形成、具有一定稳定性特征的文化现象，是一个地区人们对自然的认识和把握的方式、程度以及审慎角度的充分体现。不同国家、民族、地域、城市及区域有不同的文化气质和性格特点，地域文化强调的是它们之间的差异性。比如东、西方文化是世界两大不同的文明板块，东方文化注重感性、讲精神理念、讲求形而上的禅悟及神气；西方文化崇尚理性、遵循科学、讲求实证。同样，中国的不同地域，也分别形成了不同的文化，如北京的大气稳重、重庆的热情直率、上海的洋气摩登、深圳的创新活力等。

（二）民俗文化

民俗文化又称传统文化，泛指一个国家、民族、地区中集居的民众所创造、共享、传承的风俗生活习惯，是对民间民众风俗生活文化的统称。普通人民群众（相对于官方）在长期的生产实践和社会生活中逐渐形成并世代相传、较为稳定的一系列非物质的东西，可概括为民间流行的风尚、习俗。传统文化体现了一个民族或一个群体在生活习惯、生产方式、是非标准、宗教信仰、风俗礼仪、图腾崇拜等方面形成了特有的风俗习惯和审美标准，建立了民族的认知感及互同感、血缘的归属感和维护感等，是其世界观的客观反映。

（三）文化底蕴

文化底蕴，就是一个地域、民族的精神成就的广度和深度，即人或群体所秉持的道德观念、人生理念、精神修养等文化特征。文化底蕴是文化成果经过传播活动进而积累、进步、积淀形成的，是具有历史和地域特征的文化底色。文化符号通过人类世代相传，缺少历史和地域的传播，任何文化终将消亡。由于地域的差异性，人类文化在历史的传播过程中形成了许多不同的文化圈，文化积淀越深厚，文化底蕴则越深厚、越稳定。文化底蕴的形成不是封闭的、简单机械的单向传递的过程，而是通过人们的世代相传和不断筛选，有创造性地不断吸收外来优秀文化的过程。如中国的儒、释、道等精神文化遗产，至今仍具有广泛而深刻的影响；中国古代的风水学理论，在现代建筑环境营造中仍然发挥着不可忽视的重要作用。尽管现代社会文化交融现象已十分普遍，每一个民族在外来文化的渗透和影响不可避免地要接收新的文化内容，但从历史的角度来看，文化的横向渗透只会使彼此更充盈，而很少能动摇其传统文化的根基，这就是文化底蕴在每一个民族身上打下的烙印。

（四）文化发展

文化在各民族、地区发展的速度不尽相同；在文化自身发展过程的每一个阶段中，其风貌特征、层面、范围及局限也存在着差异。中国文化历史悠久，由于政治因素、经济发展水准不同，每个历史时期的文化现象、审美情趣也各具特征。如商周时期的强悍与狰狞；唐代的富丽与华美；工业时代的冷漠与机械。在步入信息时代的今天，文化发展取向应当更加贴近当下人类生活，充分了解与尊重人的需求，肯定人的行为和精神，维护人的基本价值，更加多元，更加富有情趣，更加富有个性特征。

五、时间性

景观小品并不仅局限于三维实体空间之中，时间的四维概念也对其有重要影响。这是由于城市景观环境的形成需要经历时间的历练，与之配套的景观小品也在不停地以一定的动态规律不断发展。

城市景观环境的形成和发展受到自然、社会、政治、经济、文化等因素的影响和制约，这些影响因素也成为影响景观环境动态发展的推动力。这种作用与反作用的规律也表现在景观小品的发展动态规律上。其一，景观小品的种类越来越多，造型越来越时尚、现代。其二，景观小品的功能越来越有针对性，越来越人性化。需要注意的是，景观小品要素在经历一个阶段的发展之后有进行更替的必要，其更替速度总体来说远胜于建筑，尤其一些指示牌、信息栏等的更替变化更为迅速。

第三节　景观小品的心理及行为要素

无论在何种空间环境中，人总是在以某种方式与环境产生着千丝万缕的联系。景观小品设计与环境心理学关联紧密，人的心理与行为活动是环境心理学的研究范畴。心理活动是人脑机能的反应，即人们对环境的认知与理解；行为活动是人在各种内外部刺激影响下产生的活动，即人们在环境中的动作与行为。景观小品设计必须研究人与环境的相互作用，更需深入地研究人与人交往的关系，使景观小品符合人的心理尺度和行为特征，创造令人满意的空间环境。

一、个人空间与人际距离

（一）个人空间

人具有社会属性，在社会群体当中的人都拥有自己的个人空间。人对空间的满意程度及使用方式并不仅局限于生理的尺度，还取决于人的心理尺度。无论陌生人之间、熟人之间还是群体成员之间无意识地保持适当的距离和采取恰当的交往方式，用这种形式来保证安全、控制交流、满足舒适，即心理空间。在人与人交往中，彼此的言语、表情、身姿及保持的距离等各种线索起着微妙的调节作用。个人空间是个人心理需求的最小空间氛围，像一个围绕着人体的、看不见的“气泡”，不允许“闯入者”进入，他人的侵犯与干扰会引起个人的焦虑和不安。这一气泡跟随人体而移动，具有灵活的收缩性，会依据个人所意识到的不同情境而胀缩。比如在公共场所中，通常人们不愿夹坐在两个陌生人之间，因而公园座椅两头忙的现象十分普遍；在公交车或地铁车厢

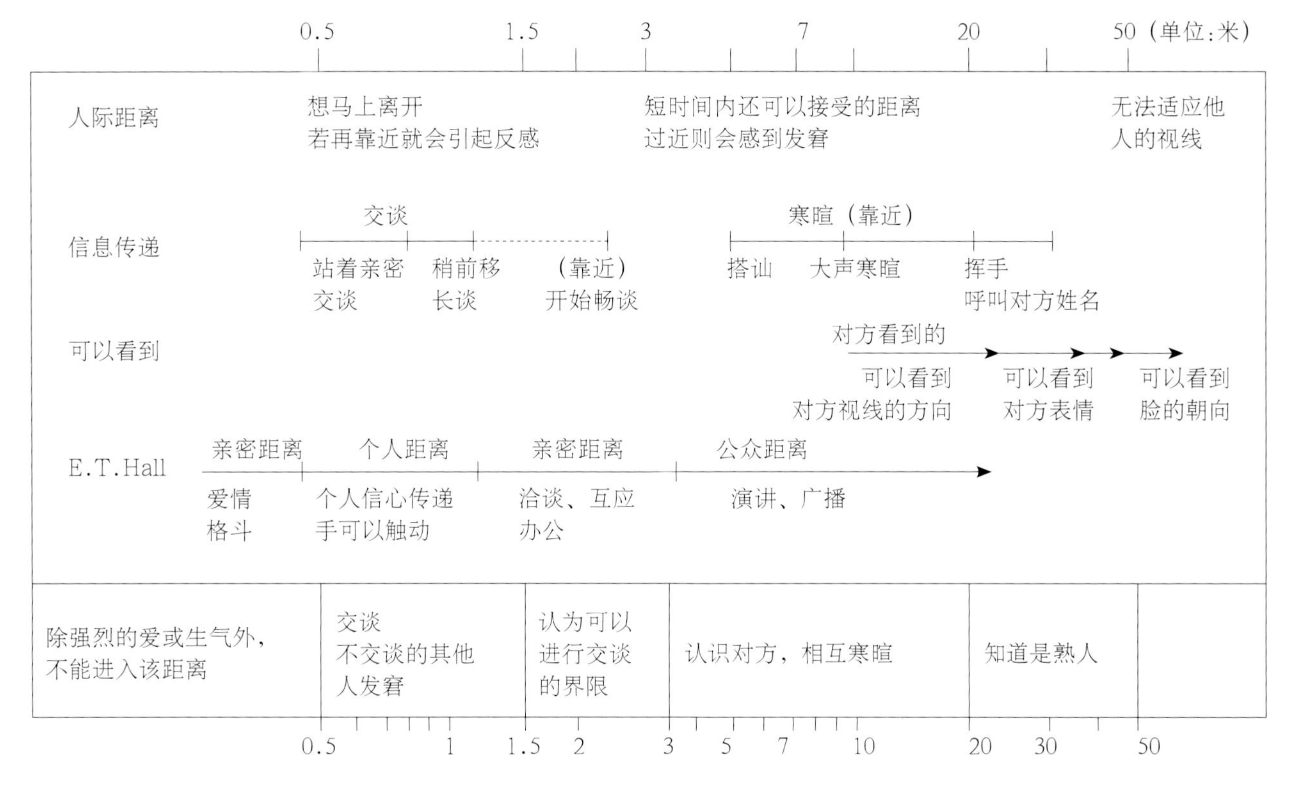

图2-36 人际距离

里，人们也会本能地远离其他人一些，以确保自己的领域。

（二）人际距离

人们通过控制个人空间的大小来控制和他人互动交流的程度。交往双方的人际关系以及所处的情境决定着个人空间的大小和范围。个人空间的大小受到个人因素的影响，如个人的年龄、性别、身高、受教育水平、个性等，也因受到其他社会因素如社会地位、人际关系、文化背景和所处环境的不同而相异。人们会根据所接触的对象本能地选择合适的人际距离。美国人类学家爱德华·霍尔博士认为人的个人空间大体上的人际距离可以分为亲密距离、个人距离、社交距离、公共距离。（图2-36）

1.亲密距离

0～0.45 m，指与他人身体密切接近的距离，是人际交往中的最小距离，小于个人空间，即常言“亲密无间”。亲密距离的近段范围在约15 cm之内，指亲密者之间发生的爱护、安慰、保护、接触、交流的距离，此时可以相互体验到对方的辐射、气味；由于视觉过近，反而造成视觉失真、分辨不清；触觉成为主要交往方式。亲密距离的远段范围是15～45 cm，头脚部互不相碰，身体上的接触可能表现为挽臂执手、促膝谈心。在不同文化背景影响下，人们对这一正常距离的认识是不同的。

2.个人距离

0.45～1.2 m，指个人与他人间的弹性距离，是人们进行非正式交谈时最常保持的距离。个人距离的近段范围为45～75 cm，这是熟人交往的距离，眼睛容易调整焦距而观察细部不失真，以言语交往为主，能相互亲切握手、友好交谈。非亲密者进入此距离时会构成对他人的侵犯。个人距离的远段范围为75～120 cm，是人们在公开场合普遍使用的距离。此时不能感觉对方的气味、体温，交谈声音为中等响度，任何朋友和熟人都可以自由地进入这个空间。

3.社交距离

1.2～3.6 m，指参加社会活动时所表现的距离，是一种办公距离。一般在工作场合、与没有过多交往的人交流多采用这种距离，体现出一种社交性或礼节上的较正式关系。社交距离的近段范围为1.2～2.1 m，通常为工作环境和社交聚会时的距离，如上级与下级谈话时保持此距离。社交距离的远段范围为2.1～3.6 m，表现为一种更加正式的交往关系。此距离可看到对方全身，是正式会谈、业务接触的通行距离。如谈判、面试和答辩等，通常都需要隔一张桌子或保持一定距离，以增加庄重的氛围。在社交距离范围内，人在交谈时要适当提高声音，且需要有充分的目光接触。如得不到对方目光的支持，则会产生强烈的被忽视、被拒绝之感。

4.公共距离

大于3.6 m，指公众正规接触的距离，是人们在公共场合的空间需求，人际交往距离中约束感最弱的距离。包括3.6～7.5 m的近段范围和7.5 m以上的远段范围。一般适用于非正式的场合，需要提高声音分贝或借助辅助动作来传递信息，如在路上行走、公园散步、演讲者与听众的距离等。这个距离几乎能容纳所有人，因为彼此之间未必产生一定联系，人们身处其中完全拥有对其他人“视而不见”的“自由”，信息的传递容易流失。当演讲者试图实现有效沟通时，他必须走下演讲台，将与某特定听众之间的距离缩短为个人距离或社交距离。

二、个人空间与景观小品设计

（一）舒适距离

据实验证明，在95～105 cm的空间范围内，人们坐着时可以舒适地交谈，且愿意相对而坐；小于这个距离，人们更倾向于选择并排而坐。

（二）坐具布置方式

坐具的布置足以影响人们的行为。在公共环境中，应尽量使坐具的布置具有灵活性，背靠背或面对面是较常用的方式，而机场候机楼里成排式布局的座椅让人很难舒服地谈话。交往情况与座位之间的角度也有很大关系，如对座设置：严肃、紧张；L形设置：亲切、和谐；单条设置：亲密、私密；散座设置：活泼、随意；曲线设置：灵动、多变。总体来说，自由的布置引发自由的交往，正规的布置适合正规的场合。（表2–6）

表 2–6

坐具布置形式	空间氛围	人的行为
	严肃、紧张	单个活动者的被动式视听行为，如休息、等候等
	亲切、和谐	群体活动者的主动式休闲行为，如交谈、下棋等
	亲密、私密	多种活动主体的被动式视听行为，如交谈、观望等
	灵动、多变	支持多种类型行为的发生

（三）座位的选择

在空间有足够选择余地的情况下，人们倾向于选择与他人保持一定距离的座位（如地铁车厢、图书馆、公园等）。座位本身是一定身份地位的象征，如人们普遍认为条形桌的短边是较为重要的位置，以及宴席时座位的宾主之分等。在强调平等民主的情形下，圆桌是理想的选择。

（四）边界效应

社会学家Jonge研究发现，在餐厅和咖啡厅中，受人欢迎的是那些有靠背或靠墙的座位，以及能纵观全局的座位，尤其靠窗的座位更受人青睐。另外丹麦建筑学家Gehl发现，人们在驻足时会很细心地选择在凹处、转角、入口，或是靠近柱子、树木、街灯和招牌之类可依靠的物体边上。这是由于人们会本能地在环境中的细微之处寻找支撑物，此类空间既可以为人们提供防护，又能避免人们处于众目睽睽之下，并且具有良好的视野。可见，什么样的环境得到最多人的喜爱呢？能看而不被人看的环境，既能满足观看他人活动的需要、又能与他人保持一定距离的地方。因此设计休息亭等性质的景观小品时，要使人们在观察某些活动的同时有置身于场外的感觉。将休息设施设在景观场所的边界或建筑空间的边缘也会更加合理。

三、私密性

环境心理学理论中，私密性指个体有选择地控制他人或群体接近自己。个人或群体都有控制自己与他人交换信息的质和量的需要，私密性是个人或群体对在何时、以何种方式和何种程度与他人相互沟通的一种方式。

私密性可以概括为行为倾向和心理状态两个方面：退缩（withdrawal）和信息控制（control of information）。退缩包括个人独处（solitude），即个体把自己与其他人分隔开且远离别人视线的状态；亲密（intimacy）指的是两个人以上小团体相处时不愿受到干扰，隔绝来自环境的视觉和听觉干扰的状态，如亲人、情侣之间的亲密相处。信息控制包括匿名（anonymity），指的是个体在公开场合不被人认出或被人监视的状态，如名人乔装打扮躲避狗仔队；保留（reserve），即个体对某些事实加以隐瞒，不愿意其他人了解的状态，如人们常说的隐私权。

私密性的这四种形式分别会在不同时间、不同情境出现。理解私密性概念的关键是要从动态和辩证的方式去认识和理解人的行为与环境的关系。独处和交往都是人的需要，人们可以通过多种行为方式来表达这些需要，在什么时间、什么地点，以什么方式交往，和什么人在一起，独处还是交往等。关键在于个体控制交流的程度，还取决个体的性别、个性、年龄、心境、场合等多种因素。当个体所需要的私密性程度与实际达到的程度相匹配时，就达到了最优私密水平。

景观场所通常由具有不同程度的私密性的多个空间组成。某些空间满足人独处的需要；某些空间具有多重属性，既能让人独处又能满足必要的、适当的交往；另一些空间则社会交往频繁，毫无私密性可言。根据“人—行为—环境”的关系，可把景观场所分成“公共—半公共（半私密）—私密”几个层次，形成私密性的空间等级梯度；每一等级空间的私密性程度取决于与其相邻的空间相互比较的结果，具有相对性。景观小品设计的重要性在于尽可能地在环境中协助景观场所给人们提供私密性调整的机制，能允许人们有充分的选择性，满足对私密性与公共性的需求平衡，以获得最优私密水平。

四、行为习性

（一）行为与环境

人是景观场所的使用主体和欣赏主体，景观小品设计必须考虑人能看到，能直接或间接与之接触，使景观小品和空间环境与人的行为需求相互耦合，使人感觉亲切友好。

行为是由人的意识所支配的能动性的活动，在许多方面又受到外在环境，包括自然、人工、文化、心理、物理环境的制约。环境的刺激在人的生理和心理方面激发的效应会以外在行为表现出来，这种行为表现就是环境行为。人在公共环境中的行为表现具有不定性与随意性，既有较大的偶发性，又有一定的规律可循，从而形成一定的行为模式。因此研究公共环境与人的行为特征，是景观小品设计的前提。

（二）行为习性

在长期的人类活动中，由于环境与人类的交互作用，人类形成了许多适应环境的本能行为，这种本能即人的行为习性。

1.抄近路习性

为到达预定的目的地，人们总是趋向于选择最短的路线，这是因为人类具有抄近路的行为习性。因此在导向系统设计、景观场所的道路及铺装设计等方面要充分考虑这一习性。

2.识途性

人们在进入某一场所后，如遇到突发险情时，会寻找原路返回，这种习性称为识途性。因此具有方向指示作用的景观小品要尽量设在景观场所的出入口及交叉口附近，并且是醒目的位置。

3.左侧通行习性

在人群密度较大（0.3人/m^2以上）的空间行走的人，一般会无意识地趋向于选择左侧通行。有学者认为，左侧通行可使人的重要器官——心脏更靠向建筑物，有优势的右侧向外，在生理和心理上更有安全感。这种习性对于景观小品的设置顺序有重要指导意义。

4.左转弯习性

根据在公园散步、游览的人群的行走轨迹来看，人类有趋向于左转弯的行为习性。同时不难发现，运动场（如跑道、滑冰、棒球等）都是左向回转（逆时针方向）的。有学者研究原因，认为向左转弯所需的时间比同样条件下向右转弯所需的时间短；且人体的重心偏右，站立时略向左倾，同时右手、右脚比较有力，容易向左侧移动。

5.从众习性

在紧急危险情况发生时，总有部分人会首先采取避难行动，这时周围的人则会跟这些人朝同样的方向行动，这就是从众习性。

6.聚集效应

有学者通过对人群密度和步行速度关系的研究发现，当人群密度超过1.2人/m^2时，步行速度会出现明显下降趋势；当空间人群密度分布不均时，则出现人群的暂时停滞现象；如果滞留时间过长，就会逐渐结集人群，这种现象称为聚集效应。

「_ 第三章　景观小品的类型及特征」

本章学习重点与难点

恰当布局景观小品在空间环境中的位置，处理景观小品与空间环境的关系，把控景观小品的设计品质。

本章学习目标

在景观小品功能和形式的复合性与交叉性影响下，其分类方式多样，功能、特点等也在不断变化发展中。让学生通过对本章的学习，认识景观小品的分类；熟悉各种类型景观小品的基本特点，并进一步掌握其设计要点。

第三章　景观小品的类型及特征

根据景观小品的学科侧重偏向，结合其功能与特性方面的差异，可将景观小品分为建筑类景观小品、装饰类景观小品及室外家具类景观小品三大种类。每一个种类根据具体功能的不同又可分成二级分类，再细分出具体的景观小品设施，形成一个三级分类体系。（表3-1）

表 3-1

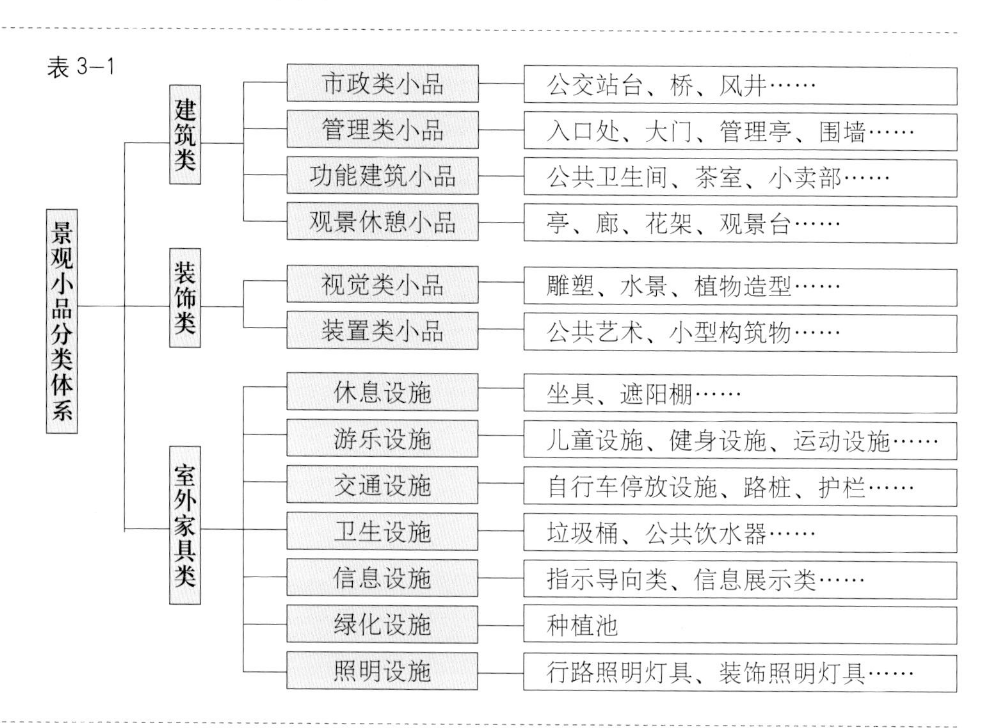

景观小品分类体系		
建筑类	市政类小品	公交站台、桥、风井……
	管理类小品	入口处、大门、管理亭、围墙……
	功能建筑小品	公共卫生间、茶室、小卖部……
	观景休憩小品	亭、廊、花架、观景台……
装饰类	视觉类小品	雕塑、水景、植物造型……
	装置类小品	公共艺术、小型构筑物……
室外家具类	休息设施	坐具、遮阳棚……
	游乐设施	儿童设施、健身设施、运动设施……
	交通设施	自行车停放设施、路桩、护栏……
	卫生设施	垃圾桶、公共饮水器……
	信息设施	指示导向类、信息展示类……
	绿化设施	种植池
	照明设施	行路照明灯具、装饰照明灯具……

第一节　建筑类景观小品

建筑类小品是景观环境的重要组成内容，它集实用性、观赏性和艺术性于一体，与环境中的自然元素密切结合、情景交融，共同构成优美而宜人的景观空间。建筑类小品通常具有非常明确的实用功能，具有围合划分空间、点缀风景、组织浏览路线、标识景观空间等重要功能，支撑着人在环境中的主要行为与活动，对环境的秩序发挥积极的意义。建筑类小品主要包括市政类小品、管理类小品、功能建筑小品及观景休憩小品。

图3-1　京都某公交站台

一、市政类小品

（一）公交站台

公交站台主要是为等候乘坐公交车的市民建造的景观小品。一个系统的公交站台一般由候车平台、顶棚、立柱、站牌、公交线路导引图、座椅、垃圾桶、烟灰缸、防护栏、灯箱及无障碍附属设施组成。其主要作用就是候车，也能满足临时休息的需要，其中的灯箱还可提供广告宣传及夜间照明的作用。（图3-1）

1.公交站台的类型

公交站台的类型主要有顶棚式、半封闭式两种。

顶棚式的公交站台只设置有顶棚和立柱，顶棚下四周通透，广告牌、标志牌等处于立柱中间。其优点是具有良好的视线范围，适宜布置在空间小、街道窄、人流多的街道环境中。

半封闭式公交站台从顶棚到背墙一侧或两侧面采用隔板进行包围分隔，能起到遮风挡雨的作用。隔板上可

设置地图、线路或广告资讯，能为乘客提供准确的位置信息。（图3-2）

2.公交站台的设计要点

（1）公交站台的造型应具有较好的识别性，易于辨认。公交站台是联络城市、构成城市形象的一个“网点”，其形象与风格要尽可能与城市的气质风格一致，起到美化城市环境的作用。可从当地特色文化中汲取灵感，应用到公交站台的外观设计之中。（图3-3）

（2）公交站台的结构要合理，功能完备，最重要的一点能保证安全。应采用安全性高、简单施工、方便运输，环保的结构形式。材料选择的原则是安全性能高、耐刮伤性能好、耐侵蚀和人为破坏、便于清洁的材料。如可选择硬质的塑料，灯箱可应用有机玻璃，可避免受到撞击时被击碎成容易伤人的小碎片。

（3）公交站台的视野要通透，要尽量避免过度围合的形式。一是确保人们能看清车辆进站，避免错乘漏乘；二是在紧急情况发生时能尽快疏散人群。

（4）公交站台应便于乘客上下车，并能引导乘客有序地候车、上下车等。

（5）公交站台应为候车的人们提供休憩的小环境，让人感到舒适便利。能满足一些特殊要求，如到站显示屏、智能蓄电等。

（二）桥

桥是联系水体两岸的一种建筑设施。桥给人们带来便利的同时，它的形态也能引起人们美好的联想，有“人间彩虹”之美称。桥在景观环境中是重要的跨水设施，起到组织游览线路、变换观赏视线的作用，同时其丰富多姿的造型还能点缀水景、增添景观层次，兼有交通和艺术欣赏的双重功能。

1.桥的基本形式

（1）平桥

平桥是贴近水面的桥，一般桥下只通水不通舟，通常设置在水域不大的水体之上。一般用石块砌筑桥墩，上面架石条或木板，无栏无柱，简洁大方。平桥有单跨形、多跨折线形等多种形式。单跨平桥体量小巧、造型简洁轻快，多设于水深较浅的溪谷，跨度较小，可不设栏。多跨折线形平桥有曲折变化，可打破单跨平桥长而直的单调感；曲折的变化应根据水深和水体形态来定。

图3-2　京都龙安寺轨道交通站台

图3-3　上海某旅游巴士站台

图3-4　苏州拙政园平桥

（图3-4）

（2）拱桥

拱桥是利用拱券的力学结构所建造的桥梁，其特点是跨度大、造型优美，是景观环境中常用的桥型之一。

图3-5　无锡龙四生态园拱桥

图3-6　无锡长广溪公园亭桥

图3-7　京都渡月桥

图3-8　京都鸭川汀步

拱桥的形式多样，有单拱、三拱到连续多拱之分。圆拱形曲线是拱桥的典型特征，极富动感，能形成“长虹偃卧，倒影成环”之美景。（图3-5）

（3）亭桥

亭桥是既有交通作用又有游憩功能与造景效果的桥，很符合风景旅游区的环境要求，有分割水面、丰富景观层次的作用。（图3-6）

（4）梁桥

梁桥多设置在河流、溪流等宽度不大的水面。水面宽度较大时，可结合桥墩的建造形成多跨梁桥。（图3-7）

（5）汀步

汀步是一种更为贴近水面的过水设施，作用类似桥，与水体相结合构成亲水性景观。近水的汀步适合用于浅滩与小溪，形式可大可小、可高可低，规则图形或自然石块，增加渡水的趣味性。汀步的类型多样，布置的规则并无定式，需考虑环境要素，结合水体形态和流线的走向进行构思。（图3-8）

2.桥的设计要点

（1）架桥的位置以水面狭窄处为宜，以梁板式石桥居多。

（2）桥的宽度应以相连接道路的宽度为参考，达到自然过渡、安全疏散的要求。

（3）桥的高度要与景观环境中的其他景观元素协调。

（4）桥面应用防滑材质或做防滑处理，拱桥等坡度较大的桥面需要设置坡道和台阶。

（5）桥的栏杆的造型、色彩要与桥身风格一致，材质要牢固可靠。

二、管理类小品

（一）入口处

入口处是使用频率非常高的管理类小品，能给人形成重要的第一印象，对环境氛围的影响作用不言而喻。根据所在场所开放程度的不同，入口处的构成内容有较大差异。如学校、医院、企业等机构的入口处通常包括入口标志、大门、门卫室等；收费性质的景区入口处通常还包括售票处、检票处、疏散通道、管理用房等在内；而完全开放的公共场所的入口处则较为简单，以设置入口标志为常用做法。

1.入口标志

入口标志是入口处的重要组成部分，用于指明场所的入口位置。入口标志的形式有很多。有砖石砌筑门、墙等构筑物；有采用山门、牌坊等建筑小品构成；有以完整的建筑形象构成；有结合其他景观元素来构成，如山石、古木等。（图3–9）

设计入口标志要有全局观念，注意它在景区的风景序列和游线组织中的关系。入口标志体量宜恰当、醒目，易于被发现。入口标志的优美形象有助于吸引游客，因此其造型要富有个性，立意要与场地环境的性质内容相吻合。应根据环境的实际情况，从整体出发考虑入口处的空间关系和形象，确定入口标志的位置和体量。（图3–10）

2.大门

收费性质的景区公园，如动物园、文化公园等，控制游人进出是大门的主要任务。大门的功能构成主要有大门、售票处、检票处、橱窗、前场、内院等（图3–11）。在规模较大的环境中，除了要设置一个或多个大门之外，还需设置若干太平门，用于在紧急情况下能迅速疏散游客，满足救护车、消防车通行等。

大门是城市交通系统与景区交通联系的咽喉，与城市道路规划布局有密切的关系。因此大门的位置要便于人们出入，规模较大的景区主要入口可设置在城市主干道一侧，另在其他方位的道路上设置若干个次要入口。具体数量及位置应根据景区的规模、道路状况和客流量大小而定。

大门的艺术风格能体现出整个景区的特征和艺术格调。因此大门的设计必须既要考虑其在景区中的独立性，又要与整体的艺术风格相一致。根据景区的性质、规模、地形特色和整体基调等因素进行综合考虑，充分体现地方特色与时代精神，造型新颖、富有个性。(图3–12)

（二）管理亭

管理亭是指在景区、道路、停车场、小区等公共场所为管理者使用的景观小品，如门卫亭、治安管理亭、停车场收费亭等。有的管理亭是利用建筑物的某个局部而建的，有的是与邻近建筑物结合在一起，有的则

图3–9　四川美院砖石砌筑的大门

图3–10　四川美院入口标志

图3–11　无锡锡惠公园入口大门

图3–12　成都东郊记忆入口标志彰显个性

图3-13　成都大熊猫繁殖养育基地入口管理亭

图3-14　京都某处竹篾制成的围墙

图3-15　京都某处竹片制成的围墙

是以独立形态建成。独立形态的管理亭具有一定建筑的特征，应根据功能充分考虑其位置、朝向、风格、体量等。随着人们对环境品质要求的不断提高，管理亭也应体现出温和、美观、人性化的一面，与环境更好地融合。（图3-13）

管理亭的功能目的是解决管理者日常操作及居住的问题，应妥善处理内部空间的私密性，保证管理操作区的视觉通透性，因此位置与朝向问题对于管理亭来说尤为重要。管理亭的风格受到周围环境的影响，在形式元素上应保持协调一致的关系。值得注意的是，由于管理亭通常是公共场所的附属建筑物，如学校、医院等的传达室，它还应具有一定的辨识度，给来访者带来便利的体验。管理亭的空间体量根据它的使用目的来定，要求不同、大小可异。最小的为1人立位空间，$2\sim3\ m^2$，仅布置桌椅等简单家具。停车场收费站的设计另外还需考虑空调、电脑等设备的摆放问题，同时兼顾内部的功能合理性和外部的视觉美观性。

（三）围墙

围墙作为景观小品，在景观环境中能起到隔断、划分空间的作用；其次围合空间，形成环境的衬景；此外还有装饰、美化环境的作用，制造气氛并使人获得亲切感和安全感。传统围墙常表现为院墙与围篱、绿篱，用传统的土、砖、瓦、竹材料建造而成（图3-14、图3-15）。现代景墙在环境中的主要作用为造景，在传统围墙的基础上更注重观赏性与现代材料、技术的结合，除了传统材料之外，还有混凝土、钢材、木材等是较为常见的材料。现代景墙通常用丰富的线条制造活泼、轻快的气氛；或与绿植、水景、浮雕等艺术形式相结合，突出材料的质感和纹理的变化，丰富景观效果。（图3-16、图3-17）

三、功能建筑小品

功能建筑小品是既要满足建筑的使用功能要求，又要符合园林景观的造景要求，并与空间环境密切结合、融为一体的建筑类型，比如公共卫生间、茶室、小卖部等。

图3–16　四川美院个性围墙

图3–17　四川美院个性围墙

图3–18　东京日比谷公园公共卫生间

图3–19　京都某处公共卫生间掩映在树丛中

（一）公共卫生间

1.公共卫生间的类型

公共卫生间是城市街道、公园、旅游区等公共空间必备的功能建筑小品。公共卫生间按照其设置性质可分为独立性、附属性和临时性卫生间。

（1）独立性卫生间

在景观环境中单独设置，不与其他建筑相连接的卫生间。主要特点是具有完整的独立形态，可避免与其他建筑或设施并置相互产生干扰，适用于空间较为宽阔的景观环境。（图3–18）

（2）附属性卫生间

是指附属于其他建筑之中，供公众使用的卫生间。特点是便于维护与管理，适合设置于空间不太拥挤的景观环境。

（3）临时性卫生间

指包括流动卫生间在内的临时性设置的卫生间，可以解决因临时性活动人群的增加所带来的需求问题。特点是占地面积较小，形式较为简单，可设在公共环境中较为开阔的区域和临时性人流聚集的场所。

2.公共卫生间的设计要点

（1）公共卫生间的位置应该靠近园林景观的主次要出入口附近，并且在景观环境中的辐射面应较为均匀，彼此间距以200～500 m为宜，通常服务半径不超过500 m。通常设置于人流较为集中的环境中，比如风景旅游区的游客服务中心、大型公共建筑停车场附近、公园大门口附近等。

（2）公共卫生间的位置不必过分突出显眼，应尽量避免将卫生间布置在主要轴线上、能形成对景的位置，且与主要流线间隔一定距离。以设置在主要建筑和景点的下风方向为宜。可以配置自然景物，如树木花草、假山竹林等加以遮蔽。（图3–19）

（3）公共卫生间应与周围环境相融合，既不妨碍风景，又易于被发现。外观形态、体量、色彩等应与场地的性质相一致，既不能过分讲究，又要防止过分简陋。外观及立面造型上宜简洁明快，美观大方，并与景观环境风格相统一，尤其不能给人造成不协调的感受。(图3–20)

（4）公共卫生间的功能要完备，通常由门斗、男厕、女厕、管理室、化粪池等部分组成。除了基本的设施之外，还应配备良好的附属设施，如垃圾桶、洗手池、前室、等候区等（图3–21）。在使用人群复杂的场所，还应考虑特殊人群的需求，如残疾人士、母婴群体等。

图3-20　广岛街边公共卫生间简洁大方

图3-21　京都鸭川河公共卫生间的等候区

图3-22　无锡动物园入口大门与购物空间相结合

图3-23　舟山某海滩商业小品

（5）公共卫生间的规模定额根据所在场地规模大小和游客量来定。建筑面积通常为6～8 m^2/hm^2；游客量较大的景区可提高至15～25 m^2/hm^2。男女蹲位的数量比例以1：2或2：3为宜，男厕内要设置小便槽。常见的公共卫生间面积为30～40 m^2，内设男女蹲位3～6个。

（6）公共卫生间要采光充足、通风良好且排水顺畅，保证室内的卫生清洁。可对出入口的通道铺装加以特殊处理，避免积水和残留脏污。地面要采用防滑材质，设置1%～2%的排水坡度。

（二）商业建筑

茶室、小卖部等商业类小型建筑也是景观环境中常见的功能建筑小品。常设置于一些观景点或休息处，主要为游客提供零星的购物服务、简单的茶饮服务或器械的租赁服务等（图3-22）。这类商业建筑小品的规模一般不大，其功能和数量可依据景观环境的性质及游客的数量而定。通常与开敞的休息厅、廊、休息平台相结合，为人们提供驻足休息和信息交流的场所，给环境增添趣味。

以租赁器材为主要服务的商业小品，其位置应设在相关景点或主入口附近，方便交通与联系。建筑偏于一隅，不对景区的整体效果产生负面影响。如游船租赁处宜设置在临近水面而又不影响水边视野的位置。可独立设置，结合亭廊等形成能供人休息、赏景的空间；也可以与其他功能建筑相结合设置，注意各种功能之间的有效串联，给人们增添游赏的乐趣。（图3-23）

四、观景休憩小品

（一）亭

亭是环境中一种精致、细巧的小型建筑物，一般分布在景区人流较为集中的区域，是该场所的标志。亭不仅具有供人休息的实用功能，还能组成环境中的点景、对景等，起到美化环境的作用。亭的造型一般较小，轻巧且灵活，并且有相对独立的建筑形象（图3-24）。由于具有无立面围合的开敞性结构特点，亭具有较好的观景效果，在位置选择上应注重与环境相结合，有效地鼓励人们驻足、赏景、休息等。

1.亭的类型与材质

亭从结构上大致可分为单体式、组合式、廊墙结合式。从风格上可以分成传统形、现代形等。亭的材质多种多样，常用的有砖、石、青瓦、琉璃瓦、木、竹、茅草等。亭的形式与材质也在不断演变之中，如现代风格的亭形态多变，常用构成的方式来造型，在材质上采用金属、纤维等新型材料（图3-25、图3-26）。应根据环境的具体要求选择相应的形式与材质。

2.亭的设计要点

（1）平地建亭

平地建亭的目的主要是供人们休息、纳凉。要结合各种景观要素，通常与山水、树林相结合，现代的亭与小广场、绿荫地相结合。

（2）山地建亭

山地建亭应选择视野开阔的位置，满足人们登高远眺的观景需求。外形上要突破山形的天际线，丰富山地的立面景观层次。

（3）临水建亭

临水建亭主要目的是观赏丰富水面的景观层次，一般通过桥、堤岸与陆地相连。亭的体量与水密切相关，贴近水面，形成静与动的对比。

（二）廊

廊是亭的延伸，可建造在平地、水边、山坡等不同的地段，顺势而建、迂回曲折、逶迤蜿蜒。廊是联系各个景点建筑的纽带，既可引导视角多变的交通路线，又能起到划分景区、增加景深、丰富空间层次的作用，尤其在中国传统园林建筑群体中是重要的组成部分。

1.廊的形式

（1）空廊

空廊的主要特点是有柱无墙、开敞通透，适用于景色层次丰富的环境，廊的两侧都应有景可观为宜。(图3-27)

（2）半廊

半廊一面开敞，一面靠墙，墙上设有各种形式的漏窗门洞或橱柜。（图3-28）

（3）复廊

复廊又称“里外廊”，犹如两列半廊复合而成，中间设有漏窗之墙，两面都可通行且有景可观，廊的两边各属不同的景区和场所。（图3-29）

（4）双层廊

双层廊又称“楼廊”，有上下两层，便于联系不同

图3-24　无锡长广溪湿地公园休息亭

图3-25　上海静安公园休息亭采用石材和木材

图3-26　上海西岸艺术中心休息亭采用金属与纤维材质

图3-27　颐和园长廊

图3-28　难波公园半廊

图3-29　南京瞻园复廊

图3-30　扬州个园双层廊

图3-31　无锡锡惠公园爬山廊

图3-32　无锡薛福成故居曲廊

高度的建筑和景物以组织人流，为游人提供在不同高度的廊中观赏景色的条件，也便于联系不同标高的建筑物或风景点，可以丰富园林建筑的空间构图。（图3-30）

（5）爬山廊

爬山廊是连接山坡上下两组建筑的廊，顺地势起伏、蜿蜒曲折，犹如伏地游龙。常见的有“叠落式爬山廊”和“斜坡爬山廊”。（图3-31）

（6）曲廊

曲廊是平面呈曲折形式的廊。有规整的曲尺形，也有比较自由的折带形，就地势和交通的需要而曲折变化，空间交错，穿插流动，形象生动活泼。曲廊往往围合成一些不规则的空间，可在其间栽花置石或略添小景以增添景深。人行其中，颇有扑朔迷离之趣。（图3-32）

2.廊的设计要点

（1）廊的形式要结合地形和自然条件来考虑，因地制宜地选择合适的形式。

（2）廊的出入口的位置一般设置在人流集散地，便于引导人流的路线。

（3）采用漏景、障景、分景、添景等手法来分割空间、丰富景观层次。

（4）结合休闲设施、文化设施的设置，如坐具、花格、雕塑等，丰富空间体验。

（三）花架

花架是用刚性材料构成一定形状的格架以供攀缘植物攀附的景观小品，又称为棚架、绿廊。花架可用于点缀环境，兼作遮阴休息之用。花架的成景效果与攀缘植物的种类息息相关，因此要了解所配置植物的生长习性，为植物的生长和良好的造型创造条件。常见的花架植物有凌霄、紫藤、木香、月季、葡萄、金银花等。

1.花架的形式

（1）单片式花架

单片式花架一般建在庭园或天台花园上，为攀缘植物提供支架，高度可随植物高低而定。可制成预制单元，任意拼装。

（2）独立式花架

独立式花架由于形体、构图集中，一般布置在视线的焦点处，具有较好的观赏效果。攀缘植物布置不宜过多，更重于表现花架的造型，在环境中一般是作为独立观赏的景物。高度可根据实际需要而定，一般为2100～2700 mm。（图3-33）

（3）直廊式花架

直廊式花架是一种最为常见的形式，其形体及构造与一般廊相似。其做法一般为直线立柱，再沿柱子排列的方向布置梁，梁上按照一定的间距布置花架条，两端向外挑出悬臂。造型上更重于顶架的变化，有平架、球面架、拱形架、坡屋架、折形架等。直廊式花架常与其他休闲设施结合设置，在柱与柱之间布置坐具或花窗隔断等。（图3-34）

（4）组合式花架

花架可与亭、廊等有顶建筑组合使用，可为雨天使用提供活动场所。一般是直廊式花架与亭、廊、景墙等结合，形成一种更具有观赏性和休闲性的组合式建筑。这种搭配方式要结合实际情况，安排好个体之间的方位和朝向，注意体量上的均衡。（图3-35）

图3-33　苏州金鸡湖畔独立花架

图3-34　大阪难波公园花架

图3-35　成都洛带古镇花架

2.花架的材料

（1）竹木材：具有自然、朴实、价廉、易于加工等优点，但耐久性差。竹材限于强度及断面尺寸，梁柱间距不宜过大。

（2）钢筋混凝土：可根据设计要求浇灌成各种形状，也可制成预制构件。灵活多样，经久耐用，在景观环境中使用最为广泛。

（3）石材：厚实耐用，常用作花架柱，与其他材料结合使用。

（4）铁艺：轻巧易制，构件断面及自重均小。应用时需注意选择攀缘植物的种类，以免刮伤嫩枝叶；同时注意使用地区的气候特征，应经常油漆养护，以防脱漆腐蚀。（图3-36）

（四）观景台

观景台指为观赏景色而搭建的平台。它既可以是未经任何人为加工的、纯天然的驻足地，也可以是主要为

图3-36　东京街头花架

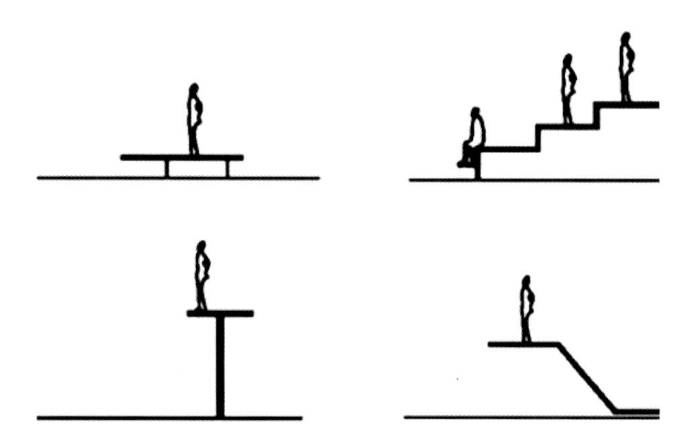

图3-37　平台式、梯台式、高台式、挑台式

图3-38　京都清水寺观景台

图3-39　无锡江南大学亲水平台

观察这一行为而特意设置的、纯粹的人工建筑物和构筑物。在现代景观环境中，人工观景台是一种十分常见的休憩小品。很多观景台的设置，不仅是为了观赏风景，其本身也独具魅力、自成风景；观景台从观览整体风貌的绝佳视觉窗口，转变为构成景观环境的重要因素。

1.观景台的类型

根据观景台的构成形式可大致分成平台式、梯台式、高台式、挑台式等几种类型（图3-37）。根据景观要素特征可将观景台大致分为三种类型：观山型、亲水型、人文型。

（1）观山型的观景台关键是要选择视点较高、视野开阔的位置。（图3-38）

（2）亲水型的观景台关键在于选择景观优美、便于游客近距离观赏和亲近水体的位置，能让人更深刻地

感受到自然之美。（图3–39）

（3）人文型的观景台最重要的是要选择能突出具有地域特色文化景观的位置，并能结合经营管理模式，为所在区域带来良好的经济效益。（图3–40）

2.观景台的设计要点

观景台设计的关键在于位置的恰当选择。需要通过景观评价、专家咨询、现场考察等方法，系统地选址，因地制宜地选择观景台的形式，更要注重与景观环境协调、融合，给人们提供更加近距离的接触自然、融入自然的观景空间，充分感受大自然的魅力。

图3–40　京都鸭川河岸观景台

第二节　装饰类景观小品

装饰类景观小品是放置于景观中用于装点环境、供人观赏与互动的景观小品，如景观雕塑、水景、植物造型、公共艺术、互动装置等。

一、视觉类小品

视觉类小品是指以观赏为主要目的的景观装置，包括景观雕塑、水景和植物造型等。

（一）雕塑

景观雕塑小品是一种极为常见的公共艺术方式，是景观空间中的视觉焦点和视觉停驻点，可以说是环境中不可缺少的一种艺术形式。有别于架上雕塑，景观雕塑具有景观的学科背景，与场地的基调、主题和风格定位一致。景观雕塑从属于景观大环境，且在环境中有相当特殊的地位，通常位于重要景观节点、视线容易到达的位置，起到主景、点景的重要作用。

景观雕塑可以通过巧妙的构思、特殊的造型来点缀空间，给景观空间赋予生气与意境，提高环境的品质。景观雕塑的形式多样，题材范围也十分广阔，可根据题材内容、空间形式及表现手法的不同来进行分类。

1.按题材内容分类

（1）纪念性雕塑

纪念性雕塑是以纪念特殊历史事件或人物为创作目的的雕塑。纪念性雕塑通常与城市、周边环境之间有直接或间接的联系，如南京大屠杀遇难同胞纪念馆的纪念雕塑、广岛和平公园的纪念碑等。（图3–41）

（2）主题性雕塑

主题性雕塑在景观环境中具有主导性和象征意义，可以说是环境中的重要标识。其特点是具有一定的主题内容，是对城市历史文脉、文化信息的传达，也是对时代精神和文化发展趋势的客观反映。如上海世纪大道的标志性小品——日晷。（图3–42）

图3–41　广岛和平公园纪念雕塑

图3-42 赫尔辛基西贝柳斯公园雕塑

图3-43 东京街头装饰性雕塑

图3-44 成都东郊记忆装饰性雕塑

图3-45 横滨港某浮雕

（3）装饰性雕塑

装饰性雕塑是以装点环境为目的创作的雕塑。它的题材十分广泛，动物、植物、人物以及各类器材等都可作为创作题材，如东京街头的甲虫雕塑、成都东郊记忆的各类装饰性小品等，具有浓厚的装饰意味。（图3-43、图3-44）

2.按空间形式分类

（1）圆雕

圆雕又称立体雕，具有高、宽、深三个维度，是可以多角度、全方位观赏或触摸的雕塑艺术。圆雕的形式语言丰富、艺术表现力强，在环境中最能主导和揭示空间气氛，可以说是景观环境中最为主流的雕塑艺术形式。

（2）浮雕

浮雕是雕塑与绘画结合的一种艺术形式，用形体的凹凸起伏来表现物体的立体感，只供一面或两面观看。浮雕趋于平面化，能发挥绘画艺术在构图、题材和空间处理等方面的优势，但是空间感比绘画更为直接和强烈。能表现圆雕不擅长表现的内容和对象，如故事的背景与环境、情节的连续与转折、不同时空的切换与不同时空的切换与衔接等。（图3-45）

（3）透雕

透雕是在浮雕的基础上，对背景部分做镂空的艺术处理，去除所谓浮雕的底板，从而产生的一种艺术形式。透雕过去常用于门、窗、栏杆和家具上，有单面雕和双面雕之分，供单面或两侧观赏。

3.按表现手法分类

（1）具象雕塑

具象雕塑就是用写实风格进行创作的雕塑作品，形式是模仿或接近自然事物的外观。典型的比如西方古典园林中常见的雕塑，以及一些革命题材的雕塑等。（图3-46）

（2）抽象雕塑

抽象雕塑就是非具象雕塑，即除去写实的雕塑以外都是抽象雕塑。有的是完全抽象，有的是半抽象，要

图3-46　横滨港某雕塑

图3-48　上海静安公园自然形水池

图3-47　广岛现代美术馆某雕塑

图3-49　淡路岛梦舞台规则形水池

求具有线条流畅、美观，又具有一定的内在含义。（图3-47）

4.雕塑的设计要点

（1）注重整体性：包括雕塑自身的材料、布局、造型的整体性，其次是与环境特征、文化传统相协调，相得益彰。

（2）体现时代感：立意上表现出当今时代主题，形式上体现地域人文精神，材料上结合现代材料，体现出时代风貌。

（3）注意与配景的关系：雕塑的体量大小与所处空间环境应具有良好的比例关系，充分考虑观景距离和观景效果；雕塑主体与配景应主次分明，有机结合，不能喧宾夺主。

（二）水景

水是万物之源，对人们来说有一种天然的吸引力。水在景观环境中是最富有魅力的要素之一，在观景、闻声等多方面都有突出作用，古今中外的园林对于水景的设置都尤为重视。

1.水景的类型

多姿而富有特色的水景能为任何环境增添奇特的景观效果。水景通常以自然界的天然水体为参照对象，结合场地环境的具体要求，按景到随机、得景随形、因境而成的设置理念，选定最为恰当的水景类型。常用的造景形式有水池、喷泉、涌泉、瀑布、水帘、水幕、叠水、溪流以及静水等。

（1）水池

水池是最为常见的一种水景，根据形态可分成点式水池、面式水池和线式水池。根据水池的边际处理形式可分成自然形水池和规则形水池。（图3-48、图3-49）

（2）喷泉

喷泉是指水体由下向上喷出的一种水态（图3-50）。喷泉水体的形态有雾状、扇状、菌形、钟形、

图3-50 广岛某喷泉

图3-51 横滨开港广场涌泉

柱形等，形态是通过喷头的设置来控制水流喷射的方向、速度等因素来形成的。喷头主要可分为三种：单置式、动态喷泉、组合式。

①单置式喷泉是以单独的喷头形成独立水景的喷泉，所喷射的水流能形成独特的景观效果。

②动态喷泉是依靠现代技术实现对水流、喷射方向、水量和喷射时间的控制，达到奇妙的景观效果，如音乐喷泉等。

③组合式是将喷头进行组合，形成不同形式的喷水效果，如各种花式造型和极具韵律感的水景效果等。

（3）涌泉

涌泉是模仿地下泉水向上自然涌出的泉涌方式，水的喷速远小于喷泉。在不同的景观环境中，因功能、造景目的及使用对象的不同，对涌泉的设置有着不同的要求。通常以一个小型喷泉的形式置于环境的某一区域或某一角落之中，对空间起到修景和点景的作用。（图3-51）

图3-52 上海街头瀑布水景

（4）瀑布

瀑布在自然界中是水体由上向下坠落的一种水态。作为景观小品的瀑布是由人工制造的落差上形成的落水形式。不同形式的瀑布所形成的水流和声响能塑造不同的景观氛围。瀑布形式归纳起来可分为三类：自由落体式瀑布、布落式瀑布、叠水式瀑布。

①自由落体式瀑布是人工仿造自然瀑布的形式。瀑布常与岩石、林木结合，制造自然感。水流冲击撞击石壁，产生水花四溅的轰鸣声。（图3-52）

②布落式瀑布是在较为规则的构筑物顶部设置水槽，水流经水槽溢出而形成的挂落式水幕。布落式瀑布设置的关键在于出水口的形态位置与壁面的材质肌理。当溢水口出挑、水流量较大时，水体可呈离落状态；溢水口紧贴壁面、水流平缓时，水体则沿壁面滑落。（图3-53）

③叠水式瀑布又称为错落式瀑布，是由于在水体的跌落过程中设置高低不同的平台，使水流产生短暂的间隔和停顿效果。（图3-54）

（5）溪流

溪流是线形的流变水态，水面狭窄而细长，结合山石地形蜿蜒曲折，水态、水声丰富而多变。在现代景观环境中，溪流多以人工建造为主，模仿自然溪流的自由式曲线，挖沟成涧。溪流的形式大致可分成以植物为主的生态溪流、以石为主的石溪和以主题为特色的文化溪。（图3-55）

2.水景的设计要点

（1）水景的形态

水景要与周围环境营造一个和谐的生态景观系统，

图3-53　东京六本木之丘瀑布与线性水池相结合

图3-54　上海街头叠水式瀑布水景

图3-55　无锡梅园石溪

避免出现违背自然规律的做法。水景的形态设计不仅要考虑二维空间的性质，还要从空间的三维关系着手，确定水体设计的类型、体量和观赏方式等。

对于比较狭长的空间，宜设置线形水景；对于比较宽阔的空间，可处理成面域水景；对于高尺度的空间，则可做垂落处理。

（2）水景的尺度

水景的尺度上存在以下两方面的因素：

①水景与整体环境的比例关系问题。应根据功能和空间层次的需要来确定水景尺度的大小，使之与整体环境相协调。比如在狭小的空间中设置一个体量巨大的水池，必然导致整体景观的失调。而过小的水体尺度设置在大体量的空间中，又难以形成较好的景观氛围。（图3-56、图3-57）

②人与水景的尺度关系。关系到人与水景的互动方式，是以观看为主还是以参与为主，水景是否能满足人的亲水需要。如水岸的高度、水体的深浅、水域的面积、栏杆的有无等均影响人与水景的亲近程度。

③与其他要素结合

水景设计通常与其他景观要素相配合，比如植物、山石、雕塑、桥等，共同营造令人满意的景观氛围。同时还要借助其他手段，如音乐、灯光等，才能更好地表现其独特的形象。

（三）植物造型

植物造型即是以植物为材料，根据其生长习性将其修剪，塑造成一定造型供人观赏的单株或多株植物。植物是景观环境中唯一具有生命的组成元素，具有色、香、形态等自然特性，具有较高的观赏价值。充分利用植物的自然特征作为造型元素，可创造出具有独特效果的景观小品。其次，植物具有季相特征，随着季节的更替而不断变化，在不同季节能呈现出各种不同的姿态和色彩。因此可以说植物造型是景观小品中最富有生命力的小品形式。植物造型与其他景观元素之间密切关联，常常与地形、建筑、雕塑小品等景观元素相结合，彼此互为因借，能起到对景观环境的美化作用。（图3-58）

1.植物造型的类型

植物造型包括单纯植物造型和混合植物造型。

（1）单纯植物造型

通过人工定型、修剪、剪切、编扎等做法，将植物塑造成特殊的形态装点环境。诸如各种几何形态，以及复杂的动物、花篮、文字、房屋、亭阁等特定形态，虽然有明显的人工痕迹，但不可否认，好的作品具有相当的观赏价值，在环境中能起到烘托气氛的重要作用。（图3-59）

（2）混合植物造型

植物元素与其他相结合，起到相互补充、共同发挥作用的效果。如与亭台楼阁、花架坐具等相结合，或作为雕塑的配景或背景等做法。（图3-60）

2.植物的选择

植物造型一般选择植株紧凑、生长缓慢、枝叶繁茂、耐修剪的植物。如五色苋、黄杨、女贞、冬青等。

图3-56　马来西亚双子塔与水体的尺度关系

图3-57　马来西亚国家清真寺水池与建筑之间的尺度关系

图3-58　淡路岛梦舞台植物与地形的结合

图3-59　上海世纪大道植物造型

图3-60　重庆街头植物造型

二、装置类小品

装置类小品是以激发人们参与和互动为创作目的、兼具艺术观赏性的景观小品，通常以公共艺术、小型构筑物等形式呈现，即通常所说的景观装置。装置类小品具有一定的主题性，是装置艺术与景观环境的融合，设计师常常通过装置类小品的设置来提升整个环境的品质，其主要特点有以下几点。

（一）注重参与性和互动性

装置类景观小品的首要特点就是鼓励大众主动参与，让人们与作品之间交流与沟通。通过特定主题和特殊形式引起人们的共鸣，促使人们从被动的观赏转变为主动的参与。另外，公众参与的范围可从设计的起步阶段直到完成、反馈阶段，可以介入到景观小品设计的整个过程中，介入到设计构思和结果当中。互动类景观小品的这一特性充分显示出其服务于社会大众的特征，设计师更多关注的是人们的功能与情感需求，如何给人们带来舒适与便捷的体验，进一步使景观小品成为人们能感受其思想的媒介。（图3-61）

（二）材料与创作手段的多元性

装置类小品的题材多样，可选用的材料与表现手法也非常具有多样性。除了景观建筑小品和景观雕塑常用的材料以外，对文化实体的再利用，即对成品进行重新拆解、加工、重组是装置类小品的一个突出特点。装置类小品注重与景观环境整体理念的融合，如可持续设计理念、资源的再利用、环保材料的应用等，充分体现了景观环境设计中对于自然生态保护的原则。

装置类小品创作的手段也十分开放多元，其表现方

图3-61　广岛街头兼具观赏性与参与性的景观小品

图3-63　苏州金鸡湖畔景观小品与环境融合

图3-62　四川美院用废弃金属材料制作的景观小品

图3-64　成都太古里以竹椅为原型的景观小品

式和手段不受物质材料的限制，例如多媒体艺术、声、光、电等，都可以成为装置类小品的表现手法。当这些先进的科技以装置类小品的形式出现在景观环境中时，人们能感受到的体验不只是视觉上的冲击，还有听觉、触觉等多方面的感知，因此装置类小品会对景观场所产生巨大的效应。（图3-62）

（三）适应环境空间与地域文化

装置类小品也需要与景观环境相协调，体现地域文化，这是其创作的基本特点之一，这种适应性分别体现在观念意识上、功能上和风格上。装置类小品有其较为突出的功能性，如供休息、装饰、照明、展示为主等，设计原则首要是功能与环境的适应关系。其次，通常它的体量较小、造型别致，在造型方面也能适应环境、彰显地域文化。（图3-63、图3-64）

（四）情感的共鸣

现代景观设计中，装置类小品是作为一个重要的构成要素参与到景观氛围营造之中的，装置类景观小品丰富了人与环境交流互动的方式，模糊了艺术与生活的界限，强调与人的情感互动、与周围环境的互动，将景观环境与人之间的距离以艺术的方式拉近，通过景观小品使人与环境空间产生交流与共鸣。（图3-65）

图3-65　广岛基街credo与周边环境互动的景观小品

第三节　室外家具类小品

室外家具类小品是以完善景观环境的功能性为主要目的，以实用为主、美观为辅的设施小品。室外家具类小品在功能和形式上与城市公共设施有许多交叉与重叠的地方，难以进行绝对的区分。不同的是，室外家具小品从设计到实施都是针对其所在景观场所的特殊性展开的，并始终以与所在环境相协调、融合为根本目的。这一点与大批量、流水线生产的公共设施有着本质的区别。室外家具类小品包含的内容比较繁杂，门类众多，总体来说主要特点是体量较小、数量较多且功能性突出。根据功能的差异大致可以分为休息设施、娱乐健身设施、交通设施、卫生设施、信息设施、绿化设施、照明设施等。

一、休息设施

坐具是景观环境中最为常见、最基本的“家具”，是供游人休息的必要设施。设置有坐具的地方，往往会成为吸引人们前往、逗留、聚集的场所；而且坐具设置越多、形式越丰富，场所的吸引力和公共性就越强。

（一）坐具的功能

无论在城市的居住区、商业区，还是在旅游区、公共活动区等公共场所，能为人们提供一些休闲小憩的空间是十分重要的。坐具的设置可以让人们在公共空间中拥有一些较私密的空间，进行一些特殊活动，如休息、等候、交谈、小吃、下棋、晒太阳、纳凉、打盹、阅读、编织等。坐具类小品本身也极具观赏性，在环境中还起到组景、点景的作用。坐具类小品是以舒适、保健、装饰、休闲、娱乐为目的，兼具实用性、多功能的小品形式。

（二）坐具的类型

1.单座凳

单座凳是没有靠背和扶手的坐具。单座凳经常应用在人流量较大的场合，如公园、广场和街道等环境中。其主要特点是以独立形态呈现，通常面积较小，无方向性，配置方式较为自由，使用者可根据自己的需要自由使用。单座凳常以组合的方式出现，一般按照向心性或有规律的几何方式来排列，以表现环境作为群体休息场所的空间性质。将单座凳单向有序排列时，还可兼有路障的作用。（图3–66、图3–67）

2.长凳

长凳最初是作为建筑物的附属物存在的，常沿道路或走廊两侧设置，供人们日常休息、乘凉、短睡、下棋等用途。长凳可以看成是可移动的板面，可随意变动坐

图3–66　横滨港路边座凳

图3–67　大阪街头座凳兼具路障功能

图3-68　上海前滩公园长凳

图3-69　东京六本木之丘长凳

图3-70　东京地铁站座椅

图3-71　广岛基街credo坐具与绿化相结合

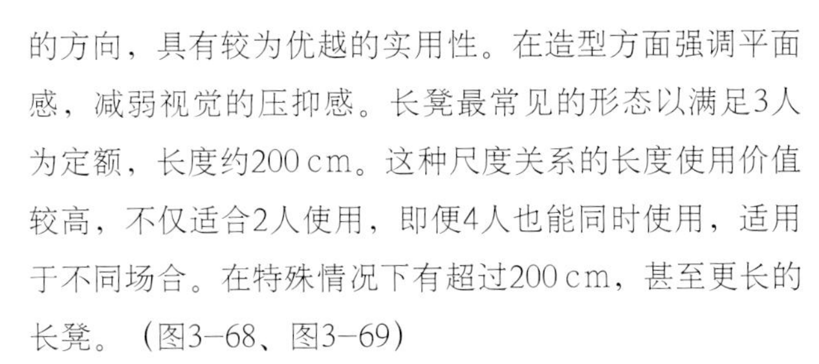

的方向，具有较为优越的实用性。在造型方面强调平面感，减弱视觉的压抑感。长凳最常见的形态以满足3人为定额，长度约200 cm。这种尺度关系的长度使用价值较高，不仅适合2人使用，即便4人也能同时使用，适用于不同场合。在特殊情况下有超过200 cm，甚至更长的长凳。（图3-68、图3-69）

3.座椅

座椅是附设靠背和扶手的坐具，座椅不仅能坐，还支撑着人的腰、背和手腕，具有较高的舒适性。座椅广泛应用于各类公共空间中，如公园、广场、街道、小区公共空间等；也常应用在咖啡厅、茶室、小卖部等提供饮食服务的户外休息空间中，适合需要较长时间休息的场合。（图3-70）

4.组合式坐具

坐具的形式变化极其丰富，为突出空间景观场所的个性，设计时可与环境中的绿化、花坛、亭廊、台阶、草坪、雕塑景观元素等相结合，形成组合式坐具。如利用花坛、花台的压顶来兼作坐具；围绕树木的基部设置椅凳；利用地面高差处理成台阶和坐具的结合等。这样的设计既能节省资源，又能使环境具有更为强烈的整体感，在形式上更为和谐统一。（图3-71～图3-73）

（三）坐具的设计要点

1.满足人的心理习惯和活动规律的要求，符合人的私密性需求；

2.位于景观环境中有特色的地段，面向风景或视线良好的区域；

3.容易到达，具有较好的可达性；

4.坐具的数量应根据人流量大小而定；

5.坐具的尺度应符合人体工程学的要求。

（四）坐具的材质

坐具的材质应根据环境的条件和场所的要求来定。常见的材质有木材、石材、混凝土、陶瓷、金属、塑料等。

图3−72　横滨港口营运码头坐具与遮阳棚相结合

图3−73　成都东郊记忆坐具与遮阳棚相结合

图3−74　大阪难波公园儿童设施

图3−75　大阪难波公园儿童设施

二、游乐设施

游戏与娱乐是人们生活中不可或缺的内容，不仅能满足人们锻炼身体的需求，还能增进人与人之间的交流与互动。游乐设施的种类繁多，近年来也有从简单的单机能形式向多功能复合形式转变的趋势。即逐渐摆脱功能单一、构造简单的器械型游乐设施的理念，转向为具有创造性、科学性，鼓励参与性、自发性的机能复合型游乐设施。游乐设施主要有儿童设施、健身设施和运动设施几种。

（一）儿童设施

儿童设施也可称为游戏设施，是专门为儿童设置的各种活动器具的统称，经常设置在公园、小学、幼儿园、住宅小区等场所。一般来说造型多变、色彩鲜艳、构造简单、规模和尺度偏小，深受儿童的喜爱。（图3−74、图3−75）

1.儿童设施的类型

根据构造方式的主要差异，儿童设施大致可以分成静态设施、动态设施和复合形态设施三种。

（1）静态设施

结构固定、没有可动部分的设施。包括常见的单杠、双杠、滑梯等。

（2）动态设施

具有可动部分的设施。如秋千、跷跷板、转盘、吊架、销轮等。

（3）复合形态设施

静态与动态设施相结合或多重功能相组合的儿童设施，具有多样复合性的特点。有固定位置的器具，也有可活动的器具，能全方面满足儿童的游戏运动、手指活

表 3-2

出发点	不同类型		活动倾向
儿童的心理发展阶段	婴儿时期（0～1岁）		直接的情绪性交往活动
	幼儿时期（1～3岁）		摆弄实物活动
	学龄前期（3～7岁）		游戏活动
	学龄初期（7～11岁）		基本的学习活动
	少年时期（11～15岁）		社会有益活动
	青年时期（15～18岁）		专业的学习活动
儿童的性别差异	男童	幼儿园	路径感知力强，更愿意探索陌生空间，对空间兴趣大
		小学	运动量大，对垂直空间的攀爬感兴趣，易冲撞
		中学	空间死角和危险空间成为男生乐园，倾向有特色的空间
	女童	幼儿园	路径感知力稍弱，害怕探索陌生空间，对实体兴趣大
		小学	运动量大，对平面空间更感兴趣，结伴现象明显，对安全性要求高
		中学	重视光线，倾向轻松舒适的空间

图3-76　无锡田园东方与自然融合的儿童设施

图3-77　广岛基街credo儿童设施与坐具相邻

动、社会交往等行为，如平衡、旋转、攀爬、跳跃、悬垂移动、手控、体操、冒险等。

2.儿童设施的设计要点

儿童设施设计最重要的一点是要充分考虑不同年龄阶段儿童的心理需求和活动倾向，在设置活动空间与内容时，根据儿童不同年龄或性别的需求差异，提供多种属性与功能的空间和场所。（表3-2）

其次要积极调动儿童参与活动的热情，注重儿童与自然的互动，让孩子在探索自然中感受和发现。美国作家理查德·洛夫出版的《林间最后的小孩——拯救自然缺失症儿童》一书称，与自然的直接接触是孩子身心健康发展的必要因素，而远离自然是造成儿童诸多心理疾病和行为问题的主要原因之一，作者将这些综合症状称为“自然缺失症”，表明儿童与自然的断裂和儿童肥胖症、注意力缺陷以及抑郁症等有重要关系。因此，在儿童设施设计当中，注重儿童与自然的互动十分重要，通过儿童设施的设计拉近生活与自然之间的距离，修复儿童与自然的内在联系。（图3-76）

儿童的游戏活动通常离不开家长的看护和陪伴，尤其是低龄儿童更甚，因此儿童设施设计应兼顾二者的需要，可在外围设置座椅，或利用地形设置台阶、草坪，在造型、功能方面考虑既保证儿童的安全，又有利于家长观望和休息。（图3-77）

儿童设施自身的安全性能是排在第一位的。为了保证安全，儿童设施应尽量采用塑料或木材等有一定弹性且无污染的材质，结构要稳固，无尖锐的边角。在容易

图3-78　赫尔辛基某健身设施

图3-79　上海西岸滑板场地

发生跌落事故的场地应铺设塑胶地面、草坪或树皮等弹性材料。

（二）健身设施

健身设施是供人们在露天环境下进行锻炼活动的小型简单运动设备。健身设施广泛设置在邻近住宅区的绿地、公园、学校甚至办公区等场所，为人们的日常锻炼提供了便利，也能促进人们的交流互动，其丰富的形态还能增加环境的趣味性。（图3-78）

健身设施主要特点如下：

1.功能性

除供人们锻炼身体以外，还兼具休息、娱乐、装饰等功能。

2.装饰性

注重造型的美观性和色彩搭配的协调性，装点环境，活跃环境的氛围。

3.便利性

健身设施占地面积小，可根据使用对象因人因时因地而设，在室外绿地、街头花园、广场一隅都可以布置，方便人们到达。健身设施操作简单，老少皆宜，使用便捷。

4.安全性

健身设施应符合人体工程学的要求，器具的构造要牢固可靠并定期维护，确保人们在使用时的安全与舒适。

（三）运动设施

户外运动近年来越来越受到人们的欢迎。为丰富完善“全民健身工程”的建设内容，更好地满足不同人群尤其是青少年的体育运动需求，在景观环境中应尽可能地建设多功能公共运动设施，包括笼式足球、笼式篮球、笼式排球、极限运动（轮滑、滑板、跑酷等）、健身路径设施、健身步道、自行车高速路等。（图3-79、图3-80）

1.笼式足球、笼式篮球、笼式排球场地

笼式足球、笼式篮球、笼式排球是以健身和推广大众体育为主要目的的运动设施。场地的周围都用勾花网片或尼龙等与框架组装起来，形成网状的“笼子”，具有一定的缓冲作用，也能保障观众的安全。场地的最大特点是占地面积小、安全系数高、搭建灵活、所需人数少等，克服了传统球场占地面积大、建造维护成本高、人数要求多等缺点。近年来，随着人们对运动热情的不断高涨，结合城市用地日趋紧张的现状来看，这种能满足“螺蛳壳里做道场”的笼式运动场地的前景十分广阔。

笼式运动场地具有较好的参与性、娱乐性、观赏性和商业性价值。设计时应注意不同运动对场地的尺度要求，在地面采用防滑材质。应对围合的网状结构进行定期维护，如果铁丝或尼龙材质老化、断裂，在高速运动下冲撞上去的后果不堪设想。

2.极限运动场地

极限运动是一些难度较高、挑战性较大的组合运动项目的统称，是参与人群以年轻人为主的高难度观赏性体育运动，具有强烈的冒险性和刺激性。极限运动根据季节可分为夏季和冬季两大类，运动领域涉及“海、陆、空”多维空间。当前在城市中比较常见的有轮滑、

图3-80　上海西岸攀岩场地

图3-81　京都某自行车停车场

图3-82　东京街边与护栏结合的停车设施

图3-83　东京街边便于换乘而设置的停车设施

滑板、极限单车等。

极限运动场地的首要问题是安全性问题。由于极限运动的特殊性，场地必须要满足一定的强度和形态的需求。坡道、台阶、断桥、跳台等是极限运动场地必须具备的基本元素。极限运动场地对坡度、深度、池面曲度都有较严格的要求，稍有偏差都可能会导致运动员在运动中技术变形。其次就是场地的用材问题。极限运动场地材料必须表面光滑，不能有任何的凸点，否则对于玩家来说是十分扫兴的。此外还应注意材质的拼接，如有缝隙或高差的话，很容易造成摔倒。

三、交通设施

（一）自行车停放设施

自行车出行是一种绿色交通方式，具有节能环保的优势，如今已成为人们健身锻炼的方式之一。自行车停放设施指固定或放置自行车的装置，是与自行车交通相适应、规范自行车停放的停车场地及相关设备。（图3-81～图3-83）

1.自行车停放设施的类型

自行车停放设施形制多样，根据出行需求及服务利益的不同可以分成通勤型、休闲型、共享型。

（1）通勤型停放

通勤型停放主要为上班族、学生人群往返通勤或换乘出行而设置的停放设施，通常设置在邻近场地出入口、公共交通换乘站等位置。

（2）休闲型停放

休闲型停放是为城市居民健身休闲、观光体验等出

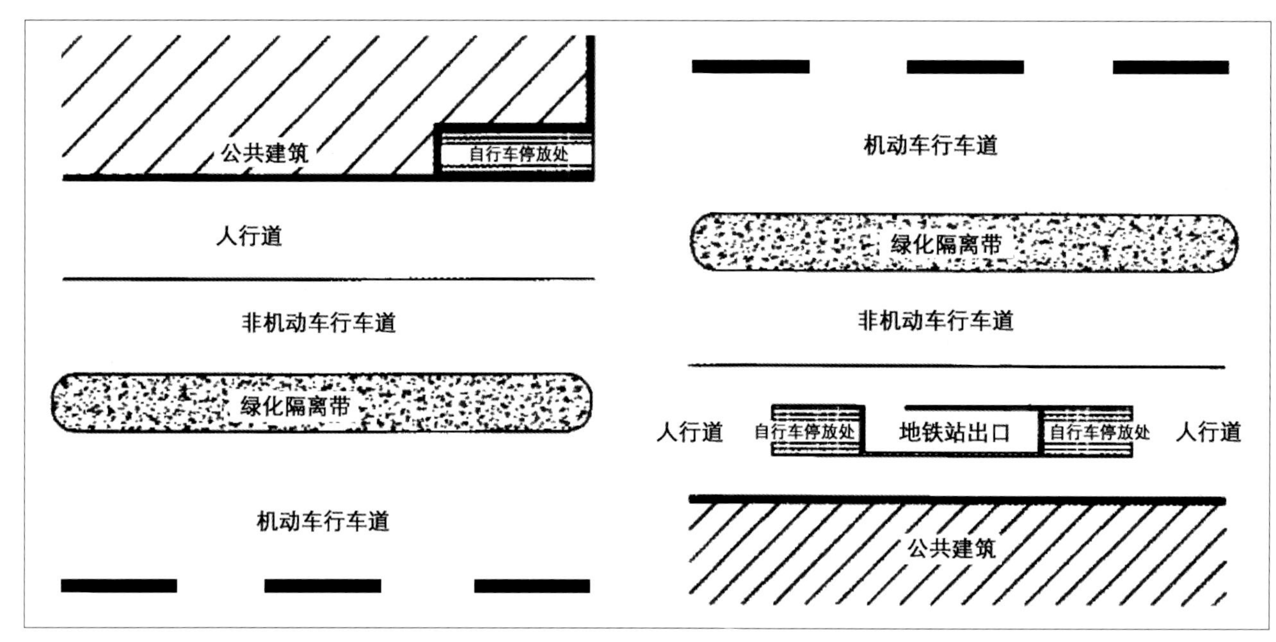

图3-84　自行车停放设施的位置

行而设置的停放设施，一般沿休闲廊道、步行通道的一侧设置。对于旅游景点、大型公共服务区，宜在出入口两侧分别设置。

（3）共享型停放

共享型停放是为方便共享自行车系统的使用和换乘而设置的停放设施，在城市主要道路、街头绿地、公共交通换乘站等人流较大的区域均有设置。

2.自行车停放的方式

根据固定自行车的方式的差别，停放的方式可分成停靠式、卡轮式、悬挂式和托举式。

（1）停靠式

停靠式停放是利用可供自行车稳固依靠的支架配合锁、链、铁环等辅助设备进行加固。其特点是设施的外形观赏性强，停放的安全性高，但需要较大的场地面积。

（2）卡轮式

卡轮式停放是采用专门的构件或几何造型固定自行车的前轮，达到稳固车身的目的。其主要特点是造型通常很简洁，停放的操作较为方便，所需场地小，空间利用率高。

（3）悬挂式和托举式

悬挂式和托举式停放是立体的停放方式，利用特定构件将自行车垂直稳固，悬挂或托起。其主要特点是对空间集约式应用，利用率很高，适合于空间狭小的场所。

3.自行车停放设施的布局形式

自行车停放设施的布局应根据停放方式和场地面积来考虑，常见的布局形式有垂直式和斜列式，停车带的标准宽度约为2 m；若双排停车，则视具体情况的不同来定。通道宽度单侧为1.2～1.5 m，双侧的情况则没有一定规律。

自行车的单位停车面积受到标准停车宽度和停车方式的影响，一般为2 m^2/辆；斜列式停放较为节省空间，单位停车面积可适当缩减。

4.自行车停放设施的设计要点

（1）自行车停放设施的布局以安全、集约、便捷、因地制宜为基本原则，应与其他环境元素或景观设施相结合进行统筹考虑，主要结合护栏、绿化带、人行天桥、轨道交通站点、公交站台等边缘空间进行布局。（图3-84）

（2）自行车停放应高效利用地面空间，提高停放的容积率，在不影响城市交通和步行通道正常运作情况下分散停放。可以与灌木丛、花池、水景、雕塑及标识牌等组合设计，既可以节省空间，也能创造出简洁美观的环境，提高环境品质。

（3）应注重便利性，既要使车主能进出自如、存取方便，又不用担心失窃或损坏，安全可靠。

（4）应增强停放位置的可识别性，一是应选择有

图3-85　东京街头路桩

图3-86　赫尔辛基升降路桩

明显聚集特征的区域作为停放场所；二是要设计醒目的指示标识，能有效指导车主规范自主地停放。

（5）有条件的情况下可配备防风、遮雨、防晒的顶棚。

（6）自行车停放设施的形态、材质、工艺、色彩等是重要的环境造景元素，其外观造型的美观性也应成为其主要的设计目标。

（二）路桩

路桩又称路障，是交通管制的重要工具，有隔离及阻挡人车的作用。在景观环境中常用来对交通方式加以限制，常设置在机动车道、非机动车路与人行道交叉衔接的道路边缘，确保交通秩序有序、流畅。（图3-85）

路桩常见的形式有升降路桩、石墩路桩等。

1.升降路桩

升降路桩又称升降地柱、防冲撞路桩、隔离桩等。升降路桩使用范围较广，在各企事业单位出入口、高速公路、机场、银行等，都可以使用升降路桩来完成对车辆的管控。升降路桩能有效升降，如机电全自动升降柱，有车辆通过时，通过遥控，便会自动下降与地面齐平，便于车辆通过。升降路桩采用不锈钢底盘，即使大型车辆驶过，也不会造成底盘变形弯曲。（图3-86）

2.石墩路桩

石墩路桩是用花岗岩、大理石等制成的路障。石墩路桩的形式多样，有平顶形、球形、柱形等；也可以与其他元素相结合，如与植物种植结合，与雕刻图案结合，或做成凳子形态的类型等，这类石墩比较美观，让普普通通的石墩显得生机盎然，也更能美化环境。石墩路桩没有动力驱动系统，只能稳稳地伫立在原地。只适用于不需要升降的交通路口，相对于升降路桩而言使用范围较小些。（图3-87、图3-88）

（三）护栏

护栏是一种长条形的、连续的构筑物，在景观环境中起分隔、导向的作用，使绿地边界明确清晰；设计制作优良的护栏也具有装饰环境的作用。在景观环境中，护栏通常与停放设施、种植池等结合进行设置，功能具有复合性（图3-89～图3-92）。因为受到构造和施工的要求，常按单元来分段制造。

1.护栏的高度

低栏0.2～0.3 m，中栏0.8～0.9 m，高栏1.1～1.3 m，应根据场地规模、使用目的来选择。

2.护栏的材质

护栏的材料有石、木、竹、混凝土、铁、钢、不锈钢等，最常见的是型钢与铸铁、铸铝的组合。(图3-93)

3.护栏的设计要点

护栏的设计要点是要注意防踏、防卡、防攀爬，因此有时做成波浪形或直杆朝上。护栏属于景观环境中的配景，以造型简约美观、构造牢固为宜，既节省造价又易于养护。护栏的设计应综合考虑构图的需要、构造和材质的特性。一是要充分利用杆件的高度，既提高其强度又利于施工；二是构图的形状要合理，合理控制杆件之间的距离；三是护栏受力传递的方向要直接而明确。

四、卫生设施

（一）垃圾桶

垃圾桶是景观环境中最为常见的卫生设施。垃圾

图3-87　东京皇居周边石墩路桩

图3-88　京都古色古香的石墩路桩

图3-89　成都太古里护栏与花槽相结合

图3-90　东京街头集靠坐、停车于一体的护栏

图3-91　东京街头集靠坐、停车于一体的护栏

图3-92　东京表参道护栏兼有坐具的功能

图3-93　神户港停车场护栏

桶的造型应根据垃圾类型、处理方式来进行。比如居民区垃圾具有多、乱、杂的特点，垃圾桶应体量偏大，便于分类与处理。街道空间产生的垃圾类型较为单一，垃圾桶应便于投放，造型宜简洁，体量不宜过大（图3-94）。风景旅游区的垃圾桶要有适当的容量，便于清除。除了考虑功能外，其造型应能体现景区特色，富有个性。（图3-95）

在景观环境中，垃圾桶经常布置在游客容易聚集、停留的地方，如座椅、亭廊等附近，因此设计时应考虑与休息设施的联系，统一设计元素，与环境协调融合。

（二）公共饮水器

公共饮水器是设置在公园、广场、商业街等公共场所，为人们提供直接饮用水的一种自来水装置。公共饮水器的设置给人们的休闲活动带来了极大的舒适和便利，使得景观环境充满了亲切感与人性体验。作为一种基础设施，是城市人文精神的体现。造型美观的公共饮水器也能起到丰富景观层次、提升景观形象的作用（图3-96～图3-98）。公共饮水器在国外公共场所的设置由来已久，当前我国也有许多城市开始尝试在公共场所增设公共饮水器。

公共饮水器的首要功能是提供净水，因此使用方便、卫生是第一要求。饮水器构成包括出水口、控制开关、盛水池、引水沟、基座和地面排水等构造。饮水器的使用对象具有不确定性，要考虑能满足不同人群的使用。一般情况下高度可设为80 cm左右，较高的为100～110 cm。给儿童使用的高度可控制在65 cm左右，另外应配备10～20个塌台。饮水器一般设置在公共环境中的休息区域，与其他休息设施共同作用，完善空间的功能。在人流密集、集散频繁的区域，可设置供多人使用的公共饮水器。

五、信息设施

信息设施在景观环境中担任着提供路线、识别、规定等重要资讯的角色，其造型也为环境增添了丰富的光彩。信息设施根据功能性质的不同大致可以分成两类：指示导向类和信息展示类。

（一）指示导向类

指示导向类主要指在公共环境中发挥引导方向、指示行为、表明场所性质

图3-94　东京街头垃圾桶

图3-95　京都火车站简洁风格的垃圾桶

图3-96　京都某处饮水器

图3-97　横滨港口营运码头饮水器

图3-98　横滨港饮水器

等作用的设施，如常见的指示导向牌。其外观形态、材质、色彩等应根据环境特色而定，与环境风格相一致。应充分考虑场地的自然环境、历史文脉等影响，在统一的风格中寻求变化，创造独特的个性魅力。（图3-99～图3-101）

指示导向牌的布局应合理。它在环境中的位置十分关键，其醒目程度将直接影响信息传递的成败。布局时要对整体环境进行调查分析，确定其位置。

图3-99　横滨港导向牌

图3-100　横滨港导向牌

图3-101　东京表参道导向牌

指示导向牌的信息内容也需要精心设计，其符号、图案、文字、色彩等应进行合理搭配，符合形式美的基本原则，做到简明扼要，信息传递准确。

（二）信息展示类

信息展示类主要包括各种宣传栏和告示板，在环境中的分布范围很广，如招贴栏、报栏、布告板、展示台等。

信息展示类设施的造型设计既要具有整体环境的统一共性，又要具有区别于其他区域的个性，包括其形态、材质、色彩等构成因素。信息展示类设施的特殊功能要求设计要考虑防止雨水渗入，既要便于更换展示内容、易于维护，还应注意构造的密封性能。信息展示类设施的安放位置要容易被人们发现。其设置高度、幅面要有一定的限制，一般展面的画面中心离地面高度1.4～1.5 m。为适于人们观看，其位置应光线充足，避免光线直射展面或镜面产生反光等，给游人创造良好的观览条件。（图3-102～图3-104）

六、绿化设施

种植池是种植植物的人工构筑物，是最常见的景观小品之一。种植池承担着保护植物的功能，是景观环境中植物生长所需的最基本空间。它不仅能作为单独的小品形式出现，也能与坐具、护栏、雕塑、台阶、水体等相互结合，形成景观环境中的亮点（图3-105）。设计巧妙的种植池起着塑造景观特色、彰显环境氛围的重要作用。

（一）种植池的类型

种植池的结构模式相对来说比较固定，但又因其使用环境的不同产生不同的形式变化，类型非常丰富。按所种植物的种类来分可分为树池、花池、花台等；按形状可以分为方形种植池、圆形种植池、弧形种植池、椭圆形种植池、带状种植池等；按使用环境来分可分为行道树种植池、坐凳种植池、临水种植池、水中种植池、跌水种植池、台阶种植池等多种。（图3-106～图3-108）

（二）种植池的规格

种植池的规格是由植物高度、种植规模、胸径、根茎大小、根系水平等因素共同决定的。一般情况下，正方形树池以1.5 m×1.5 m较为合适，最小不小于1 m×1 m；长方形树池以1.2 m×2.0 m为宜，圆形树池直径则不小于1.5 m。花池的规格比较多变，花池边常用尺寸为120 mm；通常花池压顶常用尺寸为240 mm、300 mm。花台的形状多种多样，有几何形体，也有自然形体；花台一般体量较小，形态优美精致，极富观赏性。（图3-109～图3-111）

图3-102　横滨港信息牌

图3-103　大阪梅田蓝天大厦信息牌

图3-104　东京六本木之丘海报栏

图3-105　大阪难波公园圆形树池与坐具结合，形成空间的视觉中心

图3-106　大阪道顿堀六边形树池

图3-107　大阪难波公园圆形树池阵列

图3-108　成都太古里水中种植池

图3-109　大阪难波公园台式花池

图3-110　大阪难波公园面式花池

图3-111　东京街头花池

（三）植物的选择

1.树池植物的选择

通常来说，城市行道树的树种应具备冠大荫浓、主干挺直、树体洁净、落叶整齐的外形特征；无毒、无臭味、无污染的种子或果实；能适应城市的环境条件，如耐践踏、耐旱、抗污染等；隐芽萌发力强，耐修剪，易复壮，长寿等条件。行道树树种应从当地自然群落中选择优良的乡土树种为宜。我国南方地区常见的行道树有香樟、栾树、榉树、悬铃木等。

其他观赏类树池植物的选择范围较为广阔，除了要尊重植物的生长习性之外，还要考虑是否具有观形、赏花、闻味等方面的特性；在应用多种植物进行种植的场合，还需考虑植物互相搭配的关系，把握整体效果。大部分植物可用于观赏类树池的种植，如我国南方地区常见的桂花、洋槐、水杉、合欢、槭树、冬青、樱花等。

2.花池植物的选择

可应用于花池的植物种类非常多，在满足生长条件的情况下，大多数观叶和观花的植物都可采用。如松、竹、梅、丁香、天竺葵、铺地柏、枸骨、芍药、牡丹、月季等等。常用的观花植物：月季、杜鹃、山梅花、蜡梅、绣线菊、珍珠梅、夹竹桃、郁李、连翘、迎春花、榆叶梅、金鸡菊、蜀葵、金鱼草、萱草等。

3.花台植物的选择

花台植物一般可以选择小巧玲珑、造型别致、观赏价值高的品种，如松、竹、梅、丁香、天竺子、铺地柏、枸骨、芍药、牡丹、月季等。要综合考虑景观环境色整体氛围，选择恰当的品种。

七、照明设施

灯具在环境中是一种较为特殊的景观小品。灯具本身具有一定的观赏性，白天可利用其丰富的形态装点景色、组织空间。更重要的是它还具有不可替代的实用性，夜间则可以利用灯光提供照明，不但能引导和指示游人安全顺畅地到达目的地，灯光的各种装饰效果还能极大地丰富夜色，塑造独一无二的景观氛围。

根据灯具在环境中的不同用途，大致可将照明灯具分成行路照明灯具、装饰照明灯具、作业照明灯具、建筑照明灯具等。其中行路照明灯具和装饰照明灯具的造型设计在景观环境中尤为重要，主要对这二者进行重点介绍。

（一）行路照明灯具

主要指在环境中提供一定照度和亮度的路灯，方便人们在夜间能看清道路，保证夜间行走的安全性。布置时应注意保持一定的连续性和呼应性，起到较好的引导和提示作用。行路照明灯具主要有两种：路灯和草坪灯。

1.路灯

路灯就是景观环境中位于步行道侧边的灯具，灯杆的高度一般为2.5～4 m；较低的路灯又叫作庭院灯或园林灯。路灯通常以10～20 m的间距排列在道路一侧或两侧，一般等距布置，也可交叉排列。灯具造型应有个性，注重细部构造，使之符合环境的整体要求。（图3-112、图3-113）

图3-112　横滨港口营运码头景观灯

图3-113　京都火车站景观灯

2.草坪灯

灯具位置在人眼高度以下的一种灯具，高度一般在0.3～1 m。通常设置在庭园、散步道、小径等空间有限的步行环境中。可独立设置，也可以与护柱结合使用，适合塑造亲切温馨的景观氛围。设置间距为5～10 m，为人们提供行走路径照明。还有一种镶嵌于地面铺装和踏步中的脚灯，其作用与草坪灯类似，设置间距以3～5 m为宜。（图3-114、图3-115）

图3-114　大阪梅田蓝天大厦灯具与护栏相结合

图3-115　苏州金鸡湖畔草坪灯

（二）装饰照明灯具

装饰照明灯具是重要的夜景装饰组景元素，在现代景观环境中可通过灯光衬托景物、装点环境、渲染气氛。装

图3-116　大阪街头装饰照明

饰照明灯具根据其不同的设置方式可分成隐蔽照明和表露照明。

1.隐蔽照明

隐蔽照明的目的在于照亮、衬托景物的形态，突出景物的内容，比如埋地灯和某些低位置灯具。这些灯具多被埋设或遮挡起来，设置时应尽力避免显露出光源所在的位置。隐蔽照明广泛地与其他景观小品结合，如雕塑、水池、喷泉、护栏等。（图3-116）

2.表露照明

这类照明灯具主要为突出景观装饰效果和渲染氛围，创造某种特定的气氛，形成独特的灯光效果，如节假日悬挂的灯笼、壁灯等。可以独立设置，也可以组合布置。独立设置的表露照明灯具还应注意灯具造型的艺术观赏性；组合布置则以塑造整体造型和组织色彩为主要目的。（图3-117）

图3-117　美秀美术馆与景墙结合的照明

第四章　景观小品的设计原则和方法

本章学习重点与难点

让学生通过对本章的学习，理解景观小品设计的原则，并逐渐掌握景观小品设计的基本方法和工作程序。在理论学习的基础上，加强相关实践训练，进一步掌握设计方法。

本章学习目标

景观小品的设计方法；景观小品设计实践训练。

第四章　景观小品的设计原则和方法

第一节　景观小品设计的原则

一、功能性原则

功能性原则是景观小品设计的基本原则。景观小品设置的目的之一是为满足人们实用的需求，这种实用性不仅要求景观小品具有易识别性、安全性、易操作性、协调性等基本特征，而且要保障其建造的技术与工艺性能，体现出对使用群体的关心。所以景观小品的实用性还体现在其功能是对所处环境功能的进一步补充与完善，能使所在的空间环境更加实用、合理、舒适，一个公园、一条街道甚至一座城市将因这些小品的加入而变得更有趣、高效、富有人情味。景观小品设计的功能应合理准确，确保营造的环境氛围适合并鼓励目的行为、事件的顺利展开和发生。

二、生态性原则

生态环保问题已经成为当前城市景观规划面临的一个焦点问题。景观小品的设计应坚持“少量化、再利用、资源再生”的可持续发展原则，积极应对自然生态问题，包括协调与周围环境的关系、协调物种关系等。生态性原则还应该体现在节约资源、适度设计上。在景观小品设计中的体现并不是仅仅多设立几个分类垃圾桶而已，它要求设计师在材料选择、结构工艺、使用过程乃至废弃后的处理等全过程中，都必须考虑到节约自然资源和保护生态环境等因素，以减少环境的负担。其次，对于文化生态也应坚持可持续发展的道路，充分尊重场地历史，在文化的传承中创新，多层次、多方位、动态地提升生态性原则的内涵。

三、宜人性原则

景观小品的所有特征都要适宜使用主体在场所中完成所预想的一系列的活动，并感受到身心的愉悦。景观小品通过其功能与造型的不同属性，来满足人们不同的使用、心理与情感需求。宜人性设计是景观小品设计的根本原则，要求将使用群体的多样复杂性与景观小品的形式内容联系起来，把人与景观小品的关系转化为可以互相交流的和谐对话关系。譬如针对儿童群体、老年群体、残疾人士等特殊人群的关心；对个人心理及精神追求的关注等。从不同背景、不同角度来梳理使用群体的需求，消除人们日常可能遇到的障碍与不便。随着人们对环境品质的要求越来越高，宜人性原则也在不断发展变化。因此要将最大限度地为人们提供方便，提升为最大限度地满足人们的普遍性需求和差异性需求。

四、整体性原则

景观小品与环境共处于一个系统之中，景观小品设计不仅需要与周围环境取得协调一致，其自身也应具有整体性和关联性。景观小品无论何种类型与体量，彼此之间应相互作用、相互依赖，将特殊性纳入普遍性的框架之中，体现出整体统一的特质。景观小品的造型与内涵是其所处的环境的真实反映，这个环境不仅包括自然环境，还泛指社会环境和人文环境。因此景观小品设计时，既要了解空间环境需要与场地条件的关系，理解人们对景观小品的合理需求；又要分析环境因素对景观小品的影响，考虑景观小品在空间环境中的效果，确立整体的环境观念。

五、形式美原则

形式美原则是一切艺术领域中处理构图最概括、最本质的原则。在设计景观小品时，形式美的规律也是构思、设计、实施的基本指导规则。通过把握景观小品与整体环境之间的主从关系，把握景观小品相互之间个体形态的对比关系，把握景观小品自身造型元素的协调关系等，使景观小品具有良好的比例与尺度、节奏与韵律，形成感染人的艺术魅力。

第二节 景观小品的设计构思与方法

一、设计构思的基本能力

从事景观小品设计必须具备景观设计专业基础知识，同时具有一定自然科学、人文科学等相关学科的知识积淀，并且要求具有一定的文学艺术修养，以确保设计构思的思路畅通。可以说设计构思主要受三个因素的影响：一是专业技能；二是构思能力；三是相关的学科积累。设计构思的过程通常以专业知识为基础，知识面广则触类旁通，从而达到“主意多、出手快、适应强”的良好状态。

设计构思的过程是复杂的，它建立在设计师多种能力综合发展的基础之上，如果存在某一方面的不足都会影响到设计构思的展开。

（一）观察力

观察力往往是人们创造性地发现问题、提出问题和解决问题的先决条件，可以说是设计思维活动的开端。观察力具有敏锐性、准确性、全面性、深刻性和客观性等品质特征，能够从平常之物中发现不凡之处，为设计构思提供丰富的感性材料，因此善于观察的人同样也善于发现问题、比别人看得更远。

（二）记忆力

如果说设计构思是以已有知识为基点，那么记忆力就是为设计构思活动的开展提供信息资源和原始资料的唤醒机制。博学而多识、博闻而强记。记忆力能唤起的知识经验越丰富，设计构思的内容就可能越丰富，构思活动越高效，反之亦然。

（三）联想力

联想是人们根据事物之间一定的相关性，比如性质、状态、空间特征等，从一个事物推想到另一个事物的心理过程。联想是设计构思的重要诱因，也是设计构思的主要推助力。联想的能力越强，在设计活动中，举一反三、融会贯通的能力也就越强。

（四）想象力

想象力是以表象为基础，通过联想、再生、复现、复制、构建和创作的手段，在大脑中建立新形象的能力。想象是根据一定的目的和任务，通过联想、回忆等把先前的感性思维直观再现于心灵中。想象力是对于事物进行再创作的能力，也是艺术创作不可缺少的一种能力。

二、创意思维的设计方法

设计是一种由抽象思维到形象思维的思考过程。景观小品的形态设计与其他设计门类一样，需要人们分析其多方面的影响因素，确定设计目标，并在相关设计原则的指导下，采用合适的思维方法进行设计。主要有四种方法：定向设计法、功能衍生法、仿生设计法和矛盾逆思法。

（一）定向设计法

定向设计是根据地域环境、人群需求等的不同特点，以解决问题为目的，有针对性地进行设计。定向设计法是景观小品设计中最常用的一种方法。

景观小品一方面受到所在地区人文、地理条件的制约，另一方面也受到目标使用人群的性别、年龄、生活习惯等因素的影响。因此，要设计较为成功的方案，就必须对这些相关因素进行分析。

定向设计法要求在设计之初先做定向研究与分析。比如进行室外家具类小品的设计，可以先针对使用群体做定向分析，准确分析他们的各种需求信息，包括几个方面的内容。研究定向人群的身心特点，包括身体尺寸、行为特点、兴趣爱好、年龄与心态变化等。分析定向人群在民族、职业、性别、生活方式上的差异性，以及对于形态、色彩、质感等审美感受的差别等。分析定向人群的不同使用需求，如停留、独处、旁观、参与等。将各种需求信息进行综合整理，在此基础上提出景观小品的构想，并进一步转化成方案。

图4-1　奥斯陆低洼地形与喷泉组合而成的水景

图4-2　奥斯陆低洼地形与喷泉组合而成的水景

也可以先对所在区域的人文、地理条件与特点做定向研究与分析。如场地特殊的自然环境条件、特色人文文化等，以分析结果为基础，进而设计出符合这些要求的形态。

还可以先针对现有景观小品所存在的问题与缺陷做相关分析，如功能欠缺引起的形态问题、公众普遍认为审美价值不足、形态与周围环境不协调、未能体现地域特色、对资源浪费过度等。

（二）反向设计法

反向设计法是用发散性的灵感思维，对常规的景观小品形态进行逆向推理、对惯有的思维模式进行突破性思考的一种思维方法。思考过程的第一步，首先要在对思维原型进行反向思考的基础上形成概念雏形；其次对现有景观小品的存在形式、使用方式、摆设位置等进行颠覆性的改变，再重新组合、转化；最后通过变换形态、材质等，获得全新的使用体验、视觉感受等。（图4-1、图4-2）

（三）组合设计法

组合设计法是研究分析单一功能景观小品的形式、尺寸、布置形式、材质等特征，从使用方式、适用范围、安全性、景观效果等方面对它们的功能合理性进行重新评估、筛选，再进行进一步组合、设计的方法。

组合设计法需要对现有工程技术、施工原理、新兴材料等有一定的了解，并按照一定的科学规律和艺术形式有效整合，使其功能得到补充、拓展和完善，形态更为合理、美观，从而对景观环境产生新的作用。组合设计法的应用不仅能使景观小品的形态更加丰富，而且更能节约材料、节省空间，提高社会成本的利用价值。组合设计法可以分为三种类型：主体附加、异类组合和同类组合。

1.主体附加

主体附加是在原本人们已习以为常的景观小品的形式上，添加新的功能来改进原有形式。主体附加是一种“锦上添花”的方式，更能满足人们需求的多样性，为景观小品及其所处环境带来新的亮点。主体附加的设计方法在景观小品的形态设计中应用非常广泛，比如奥斯陆某坐具设计（图4-3～图4-5），与普通的坐具相比，其坐的形式更加自由；不同的人可以用不同的方式来使用，成人的安坐行为、儿童的玩耍行为都能得到满足。其材质、工艺等并没有实质的变化，对外观造型的主要变化在于增大了座面的面积，而其观赏性和实用性又有了较大的改观。

2.异类组合

异类组合是将两个功能迥异的事物组合成一个整体的设计方法。常用方法是将对景观小品的功能作加法，而对其外形作减法，使其更为节省空间、更方便人们的使用。异类组合的应用也十分常见，如观景台与商业建筑小品的组合、导向牌与照明设备的组合、坐具与种植池的组合等。异类组合需要把握好不同功能的景观小品之间存在的关联性，如结构工艺、人的行为需求方面的类似等，以提高设计的价值。（图4-6～图4-9）

3.同类组合

同类组合是把若干个同类型的景观小品组合在一起，共同对景观环境发挥作用。各小品自身的造型与功

图4-3　奥斯陆某坐具设计

图4-4　奥斯陆某坐具设计

图4-5　奥斯陆某坐具设计

图4-6　奥斯陆坐具、树池、儿童设施的组合设计

图4-7　奥斯陆坐具、树池、儿童设施的组合设计

图4-8　奥斯陆坐具、树池、儿童设施的组合设计

图4-9　奥斯陆坐具、树池、儿童设施的组合设计

能是独立完整的，但是通过恰当而紧密的联系与配合，为人们提供更方便的操作、带来更舒适的环境。同类组合的应用通常与形式的重复叠加相关，如景观灯具的排列、坐具的组合、导向标志的组合等。这种组合方式能使景观小品的功能产生群体效应，得到倍增的效果，使景观环境更有秩序感。(图4-10～图4-12)

（四）借鉴设计法

借鉴设计法是通过对已经存在的文化及形态进行加

图4-10　阿尔瓦阿尔托大学不同石材坐具组合成的庭院

图4-11　阿尔瓦阿尔托大学不同石材坐具组合成的庭院

图4-12　阿尔瓦阿尔托大学不同石材坐具组合成的庭院

工，如变化、简化、概括、模仿等而得到新的形态的一种造型方法。根据模仿的对象内容可以分为形态仿生和文化借鉴。

1.形态仿生

形态仿生就是模仿自然物的外形，如自然界中山

图4-13　丹麦皇家图书馆雕塑小品

图4-14　马尔默趣味坐具

川、河流、动物、植物甚至是微生物的形态，通过模拟的形式，整理、分析、提炼并进行构思设计的一种思维方法。这种仿生的方法在景观环境中的应用比较广泛。由于景观小品是设置于环境中的，与环境有极为密切的关系，形态仿生可以使景观小品与环境较好地融合，使人们在使用时会感觉更为亲切自然，在某种程度上，能满足人们对自然的向往。（图4-13、图4-14）

2.文化借鉴

文化借鉴法可以模仿的对象很广泛，包括人文艺术领域的诸多门类，如建筑形式、文学艺术、语言文字、历史桥段、人文典故、流行时尚、宗教和神话传说等。源远流长的传统文化、丰富多彩的现代生活可以为景观小品设计提供丰富的可借鉴素材。文化借鉴还包括来自其他设计或艺术创作领域的影响与启迪、对同类型景观小品的模仿创新等。（图4-15、图4-16）

图4-15　京都岚山地灯

图4-16　京都岚山传统形式装饰小品

第三节　景观小品设计的基本流程

一、基本设计程序

景观小品必须具备良好的构思、独特的风格，在设计构思过程中，既要考虑使用的功能性、经济性、艺术性和坚固性，还要考虑创新和特色。景观小品设计创造的对象不仅是小品自身，还包括其所处空间环境的创造。整个设计过程包括四个阶段。（表4-1）

（一）任务书阶段

设计师在开展设计工作之前，要先与委托方、业主接触，理解设计的目的及设计任务的具体要求，了解设计造价的要求和时间期限等。这个过程中要从专业角度对设计任务进行多层次的分析，协助委托方挖掘设计任务的隐性需求和潜在的可能性。

表4-1

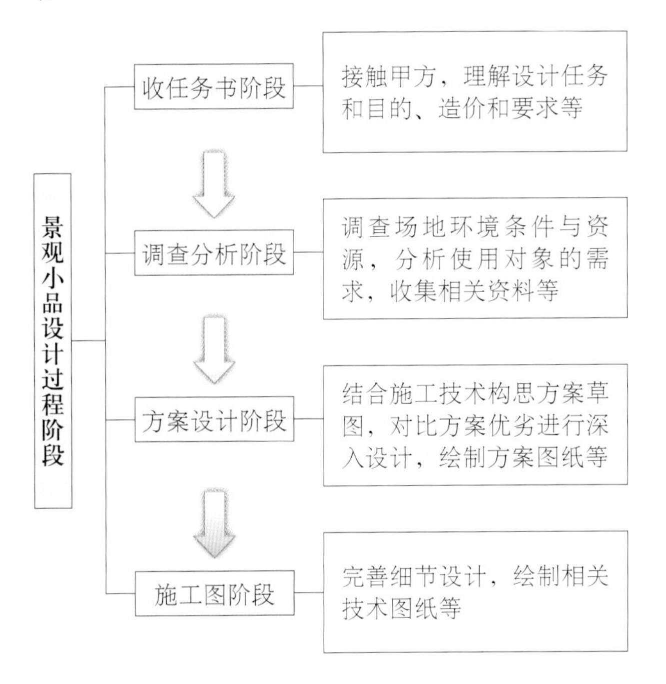

（二）调查分析阶段

景观小品设计首先要考虑小品与周边环境的具体关系，而二者的关系是建立在对具体情况进行分析研究基础上的。所以在项目设计之初，应该对项目的背景条件进行详细的了解，把握设计对象的准确信息，才能保证设计有条不紊地开展和继续。

调查的内容包括场地的自然环境与人文环境、目标使用人群的需求等多方面的内容。勘查现场，了解整个景观环境的功能性质和文化资源，对整个基地及环境状况进行综合分析。有针对性地收集一些设计资料，并补充完善不完整的内容。为了更为准确地了解目标人群的需求，需对使用主体开展广泛的调查访问、行为测量等，尽可能获取更多相关信息。调查是手段，其目的是为了分析调查所得结果，为开展设计做准备。以儿童设施小品的设计为例，设计师需要调查儿童群体的年龄、性别及活动差异等，再分析调查结果，有针对性地进行布置活动空间与设施。

（三）方案设计阶段

对方案进行构思、画设计草图，确定初步方案和相关技术设计，与委托方进行讨论。景观小品方案不会凭空出现，而是需要设计师在把握功能定位的基础上，结合敏锐的观察、思考，激发创造力思维。在灵感诞生、有初步构思形成时，应通过概念草图的方式不断地对方案进行记录、对敲、修改，使构思得到不断优化（图4-17）。必要情况下，应准备多份构思方案并进行方案的优劣对比，与投资方和使用者共同商议，根据商讨结果对方案进行修改和完善。方案构思阶段还需要绘制相关表达图纸，包括总平面图、平面图、立面图、效果图等，逐步确定方案的具体形状、尺寸、色彩和材料等。

（四）施工图阶段

对方案进行各方面详细的设计。结合施工要求分别绘制出能具体、准确指导施工的各种图画，精确地表示出各项设计内容的尺寸、形状、材料、种类、数量、色彩以及构造和结构。对施工过程中可能存在的问题，拟定多种解决方案，用图纸表达出来。

二、设计案例

（一）工程项目案例

1.江苏华艺集团办公楼入口广场景观小品设计（图4-18～图4-20）

江苏华艺集团办公楼入口广场景观小品设计以营造景观小品与场地环境的协调性和整体感为目的。根据人

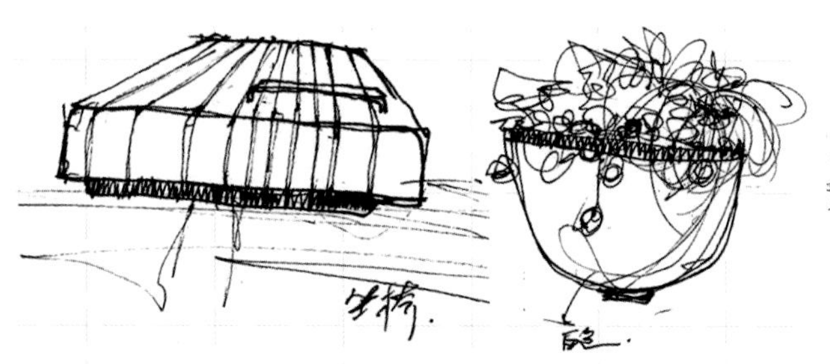

图4-17　构思草图

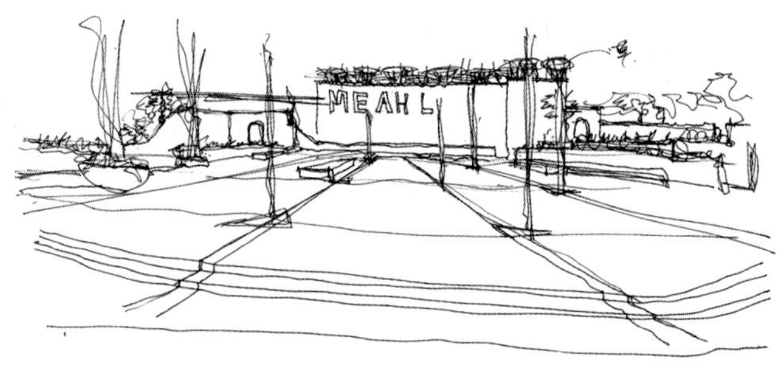

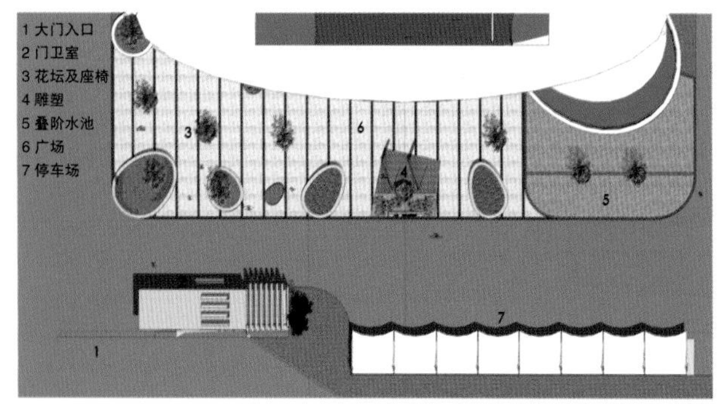

图4-18　平面图

图4-19　效果图1

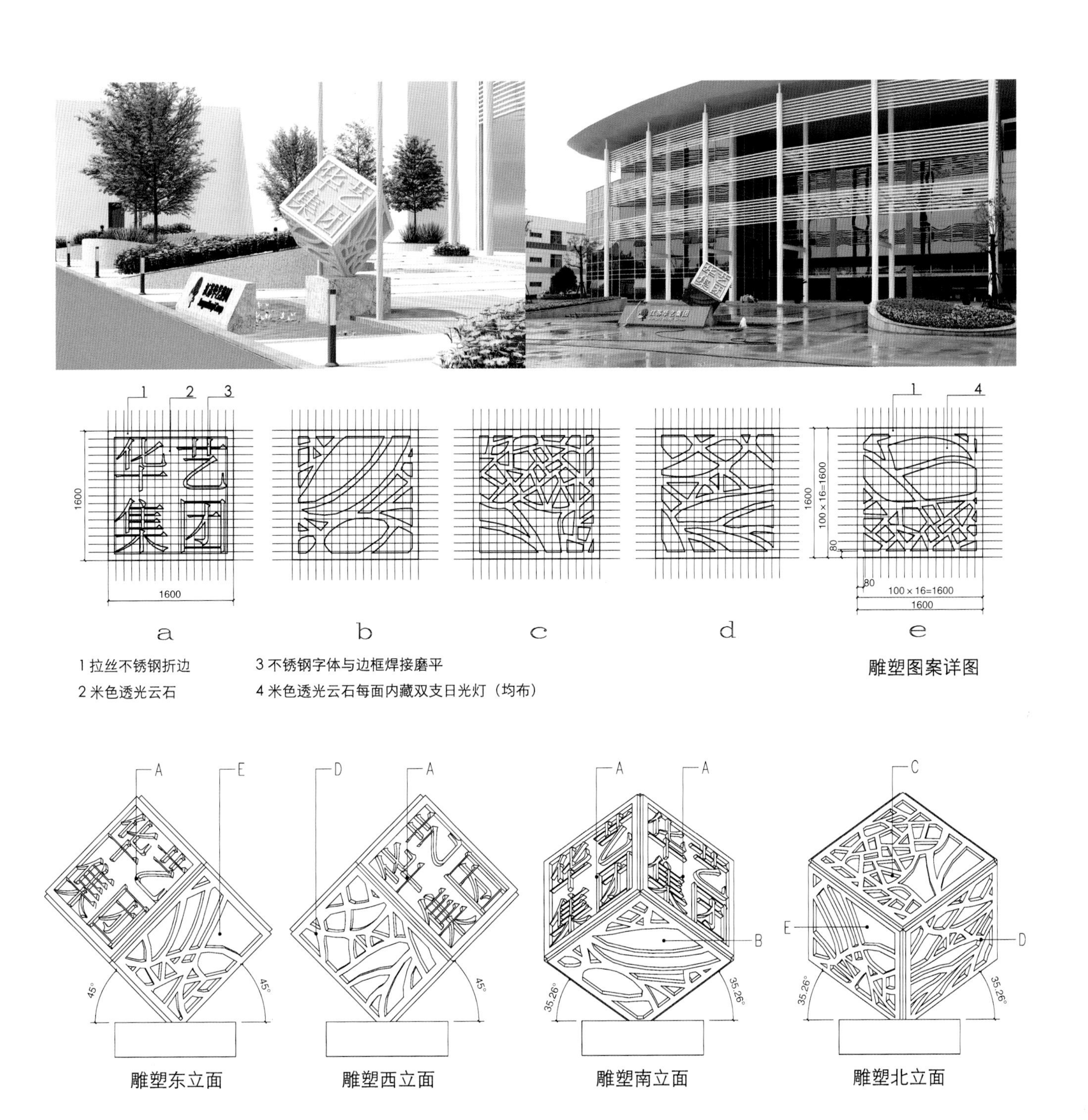

图4–20　雕塑小品

流动线的走向，将场地划分出种植区域和铺装区域。椭圆造型的种植池与建筑的形态相一致，简约而凝练的风格与建筑的办公性质相呼应。地面铺装整齐而有序，镶嵌地灯增加夜间照明。东面设置叠阶水池和水中树池，给办公环境增添活力。

2.无锡爱心献血屋方案设计（图4–21～图4–23）

无锡爱心献血屋健康路点位于街头绿地之中，场地环境条件优越。外观借鉴了医药箱的造型，直观地表达献血屋的主题，也富有趣味性。应用木材对主体部分的表皮进行装饰，与环境相呼应。抬高的地面采用木质铺装，增加献血屋的亲切感。中国银行点的场地用地条件较为紧张，整体采用挑高的空间形式来节省空间，底层架空的空间用来作为休息空间与自行车停车场地。外观造型简约，色彩明快，与环境取得协调的同时也易于辨认。

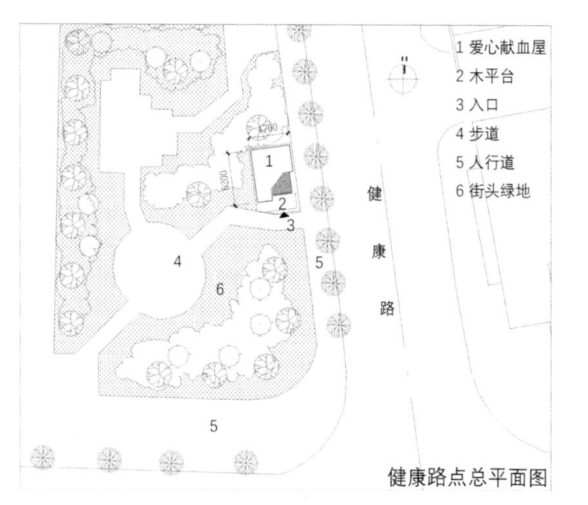

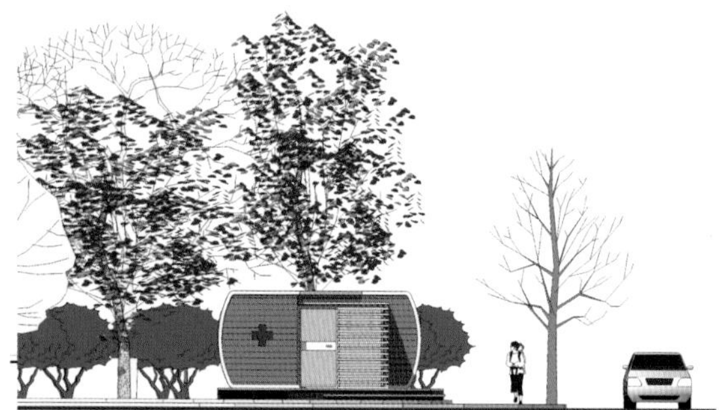

健康路点东立面

图4-21　健康路点

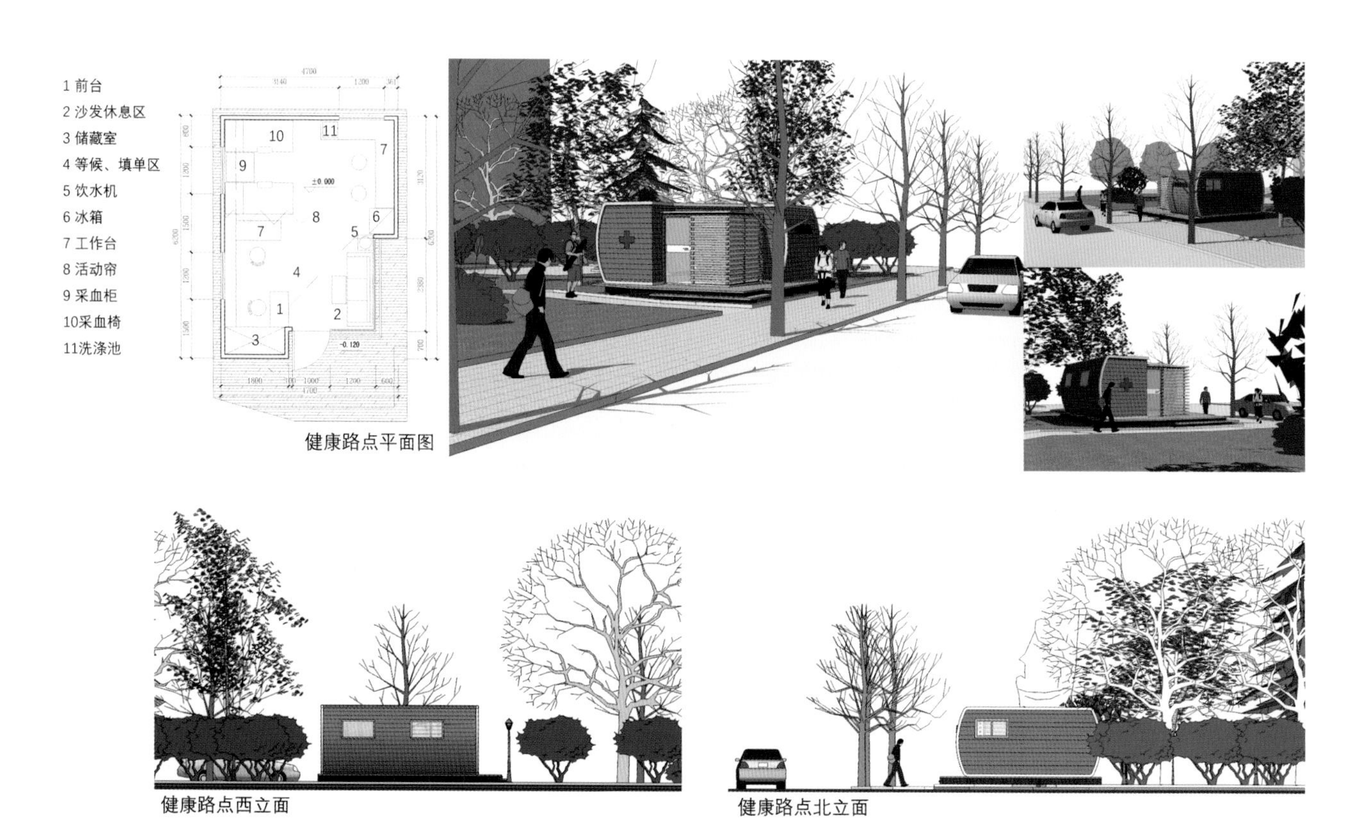

图4-22　健康路点

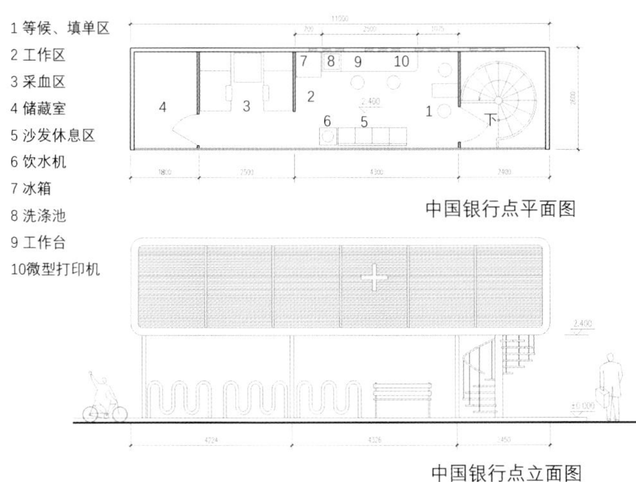

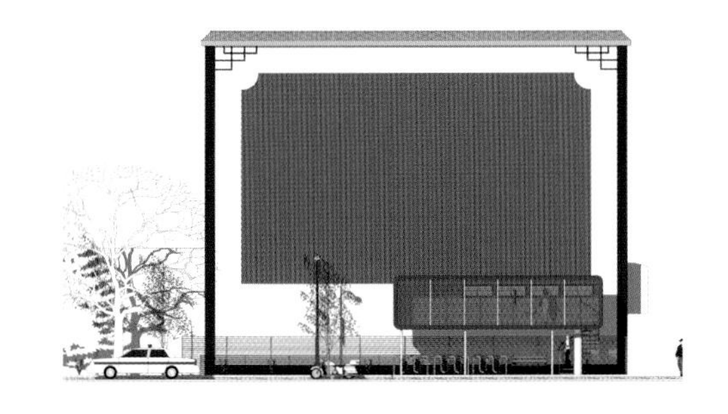

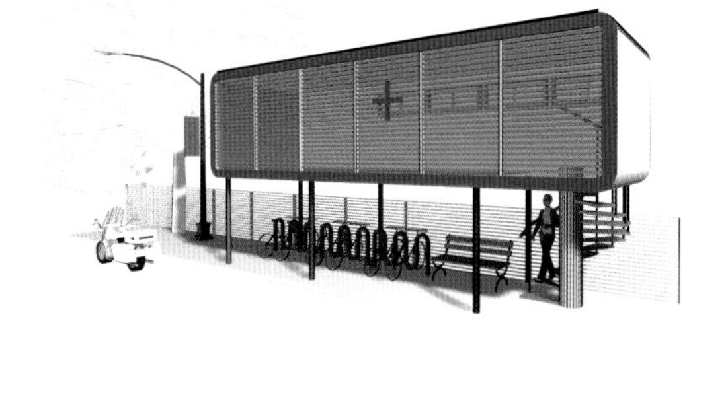

图4—23　中国银行点

（二）课程设计案例

1.地铁刘潭站前广场景观小品设计（图4—24～图4—26）

作者：李婧怡　鲍羽佳

解析：刘潭站位于锡澄路与惠山大道交叉路口，所在片区被发展规划为城市副中心大型休闲生态区。地铁站前广场是集聚人流最重要的场所。区别于其他地铁站景观小品，刘潭站站前广场景观小品设计以创意独特、形成新城新地标为目的。以立体式交通网接驳作为其创意特色，做到各式交通无缝对接，为各种出行人群提供引导、休憩、观景、卫生、交通等多重服务。在广场上修建供人休憩的凳椅，放置造型各异的雕塑，为停车提供风雨遮挡，为行人提供廊架以纳凉挡雨。以科技新技术为宗旨，Wi-Fi全面覆盖整个地铁站前广场场地，出入口、停车位、指示设施等遵循人性化设计理念。

照明小品：可弯折式景观灯，亲切的高度，让照明设施与人群零距离接触。采用Led软管增强互动性、参与性与娱乐性。独特的灯光和造型，成为传递城市创新科技文化信息的媒介，发挥照明小品在整个场地形象塑造中的作用。准确表达城市的文化理念，运用低碳环保的太阳能、Led等新技术，实现景观小品的外观创意设计，力求打造具有科技感的便利服务设施小品。（图4—24）

廊架连接主体建筑至地铁站主入口，具有供人遮阳、避雨、小憩、引导人流等作用。廊架周围较通透，以满足行人视线的可达性；配色洁净，线条简约而富有美感。

自行车停放设施：为了解决停好车以后容易忘记停放位置的问题，设施采用色彩与数字相结合的方式，方便辨认停放地点。采用取票即自动上锁的方式，设置出票口和扫码口，方便存放。设置刷卡感应系统与投币口，方便电动车刷卡及投币充电。嵌入式锁车槽最大的优势在于节省空间，适合于公交站旁的接驳空间，将自行车前轮卡在凹槽处，向下按压则锁住，再次按压则开锁。表面可设置指纹识别功能，简单、方便、安全，并与景观环境无任何排斥，可发展性强。（图4—25）

公交站：多功能公交站兼有休息空间、信息指示、挡雨、Wi-Fi覆盖、太阳能发电、照明系统、雨水收集、卫生设施、吸烟区等多项功能。立面采用简单的直线切割，同样采用建筑表皮线条分割母题，富有直线美感。右侧为吸烟区，原理为红外感应，人进入吸烟区时，则矩形方框自动向上抽取烟雾，隔断横向烟雾，满足室外公共空间无烟需求。（图4-26）

图4-24　路灯

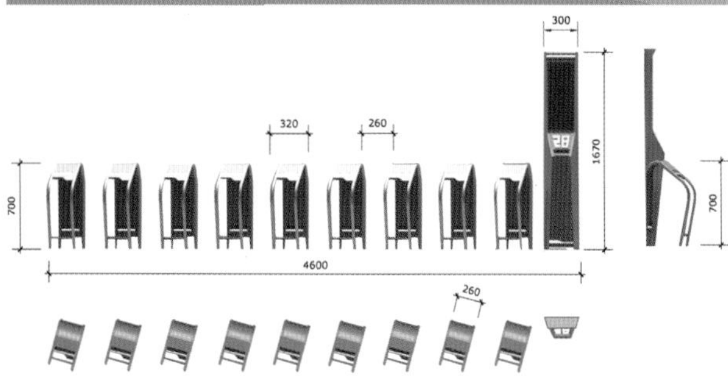

图4-25　自行车停车设施

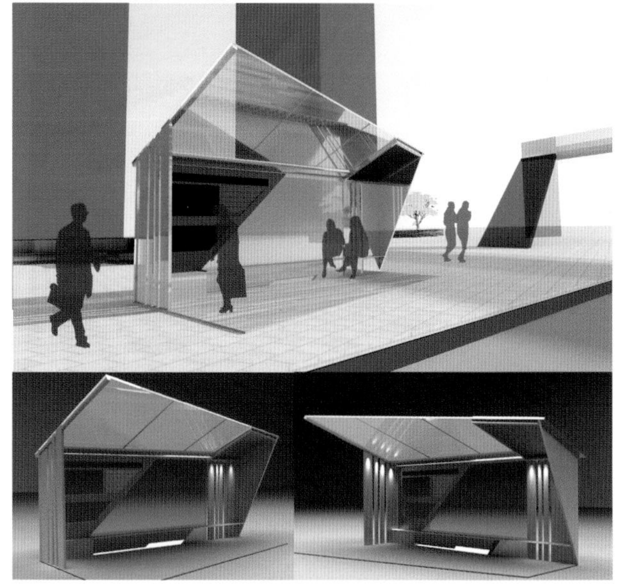

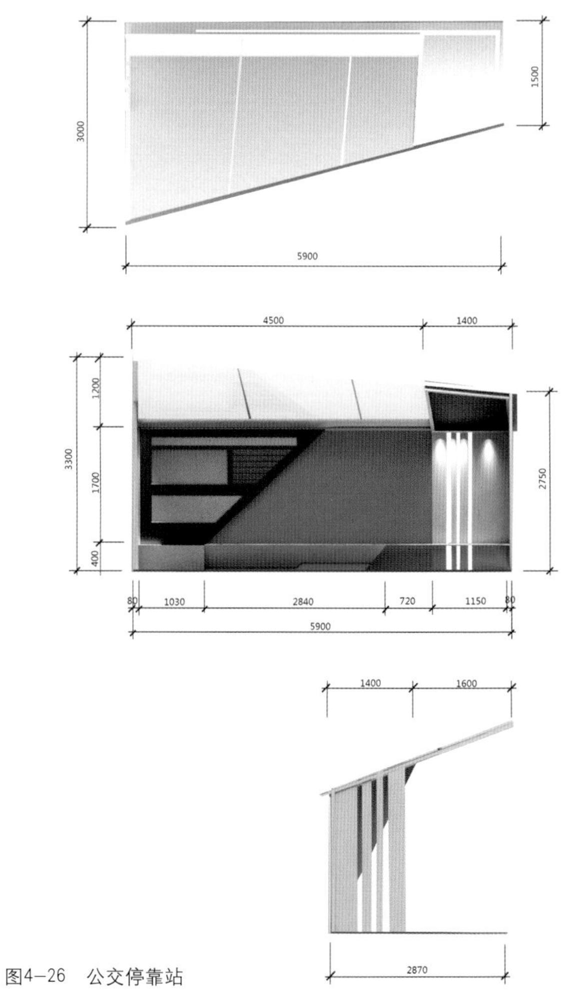

图4-26　公交停靠站

图4-27　导视牌

图4-28　临时候车亭

2.朴砳——长广溪地铁口景观小品设计（图4-27～图4-29））

作者：彭龙　李佳妍

解析：长广溪地铁站是无锡地铁1号线的站点，此站最显著的特征是周边有无数美丽的风景。“朴”与“砳”是对原生态木与石的称呼，代表着自然的、轻松的风格印象。本设计以生态为整体基调，以线元素为母题作为整体视觉感受，结合混凝土与原木材料，用朴拙的材质来体现主题。

导视牌：在原有指示牌的基础上进行改良，使指示牌有长广溪站自身特色，造型简洁，运用两种材质进行形态分割，使形式统一丰富，体现与自然亲近的设计主题。地面导视与铺装相结合，通过铺装与色彩来导向，在立体的空间中进行直观导视。字体采用荧光涂料，夜晚有出入口上方的灯光进行导视，节约电能。（图4-27）

临时候车亭：临时候车亭集合了候车、休息、庇荫的功能。造型简洁，用线性元素分割出两个半通透空间，形成公交候车、临时上下车区域和供人们暂时休息及通行的庇荫长廊，其中的庇荫长廊是一个趣味感很强的空间。（图4-28）

照明小品：路灯造型上是弯折的结构，功能上与休息座椅相结合，让人可以短暂地休息，采用磨砂玻璃使光照为漫反射，避免炫光。草坪灯的形态与路灯保持一致，为了避免炫光，将顶部凸起的部分弯折，灯罩同为磨砂玻璃，避免光线刺眼。（图4-29）

3.律动——清名桥地铁站景观小品设计（图4-30、图4-31）

作者：谭钰　陈越

解析：清名桥站包括四个地铁出入口和公交车站，

图4-29　照明小品

图4-30　休息小品

交通便利、人流量大，基地周边的大环境是时尚现代的商业街道氛围，消费人群主要源于附近居民区的居民及商业写字楼的上班族。

休息小品：将场地沿对角线分割出道路，满足路口人流通过的需求，“十”字的路径设置将人们根据目的地的不同进行引流，避免人流量过大导致拥挤。不锈钢的装置小品具有一定的装饰性，周边座椅给路人提供休憩的地方。木质小舞台还能提供集会的功能，营造欢乐和谐的城市街道气氛。（图4-30）

沿街座椅分布在线性街道人行道旁。用流线形式贯穿整个设施，起伏波动的不锈钢板围合成了开放、半私密的不同形式的空间，能支持多种行为的发生，如坐、躺、玩耍、观察等。材质采用拉丝不锈钢和木材，中间镶嵌灯带，满足夜晚的使用需求。线性座椅设计贴合线性街道环境，为街道环境节省了更多的空间。（图4-31）

4.铁路印记——堰桥地铁站出口景观小品设计（图4-32～图4-39）

作者：李晓雨　彭树坤

解析：堰桥站是无锡地铁一号线的始发站，被称为无锡地铁的“北大门”。周边有高级小区、工厂、创意产业园、文化展示馆等，功能业态复杂，人流量大。

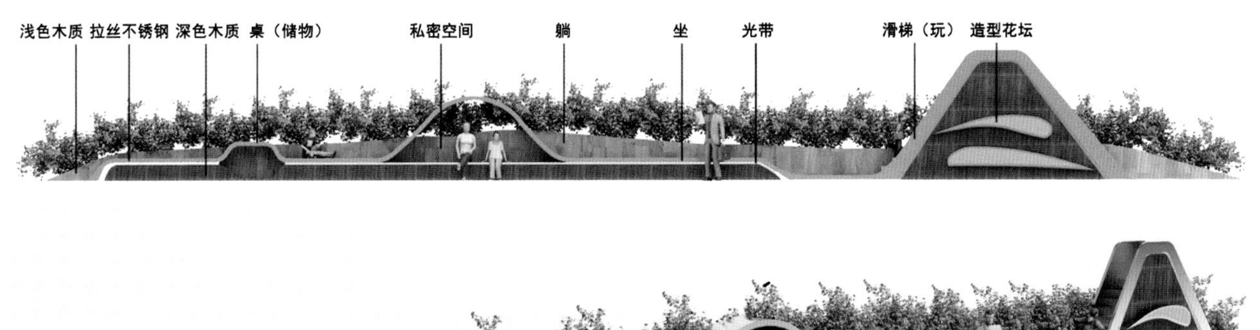

图4-31　沿街座椅

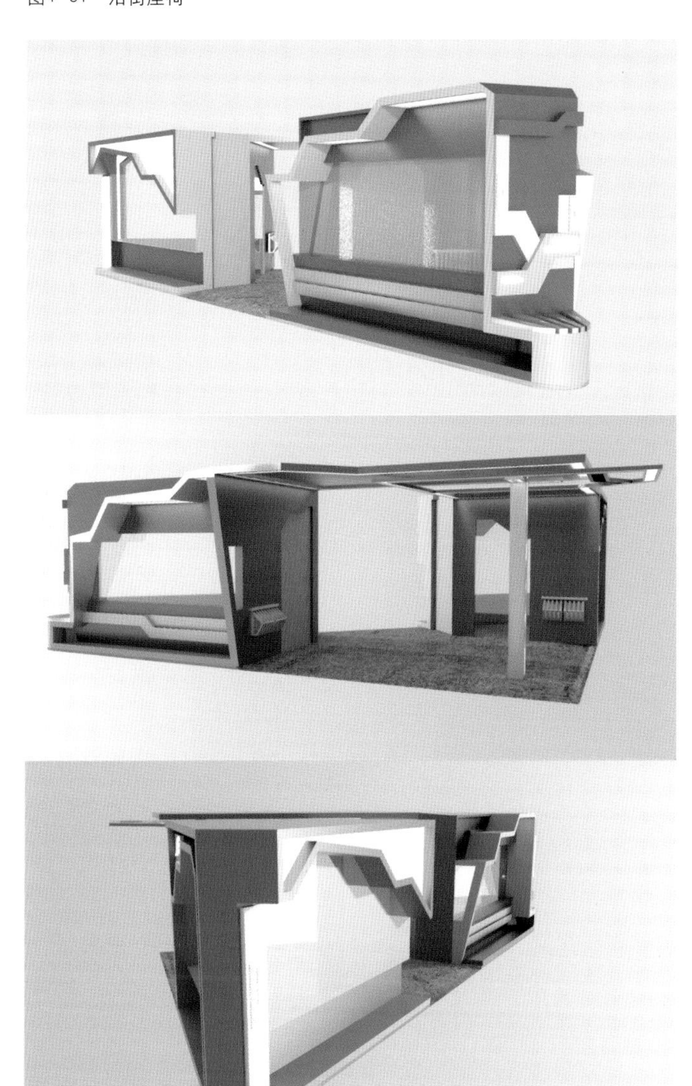

图4-32　售卖亭

售卖亭：位于交通中枢三角地块，面向八方，可以方便地观看和服务到各个方向的人群。小品内部开辟出一个类似中庭的开敞空间，人们可以从中穿过或停留，并在此遮阴避雨、休憩等候等。另外，小品外部造型与照明、指示信息结合在一起，功能多重复合。（图4-32）

候车亭：灵感来源于铁路的轨道痕迹，把铁路情怀和现代电子的造型结合起来，把坐凳和告示牌、照明结合在一起。根据场地条件，将候车亭开辟两个入口，弱化向背关系，使人们更好地融入候车空间，方便上下行不同路线的驾驶员进行区分；在站台前端停车时利于下客，下完客之后至前入口载客，区分两股相反方向的人流。（图4-33、图4-34）

为出租车上下客设置专用小品。上下客点分为普通成人上下客区和无障碍人士上下客区两个区域。分别设置了防滑铺砖、斜坡以及扶手，方便残障人士使用。等候区结合了桌椅和部分非机动车停放设施。（图4-35）

自行车停放设施：为兼有休息功能与停车功能的复合小品，灵感来源于琴键。当它行使休息功能时，是平静的"琴键"；当它行使停车功能时，是飞跃的、正在弹奏的"琴键"。停车时，将车轻轻向前推，坐凳的弧度会适应车轮，车轮可顺着凳板的轨道卡住，然后再锁车。"琴板"采用模块化

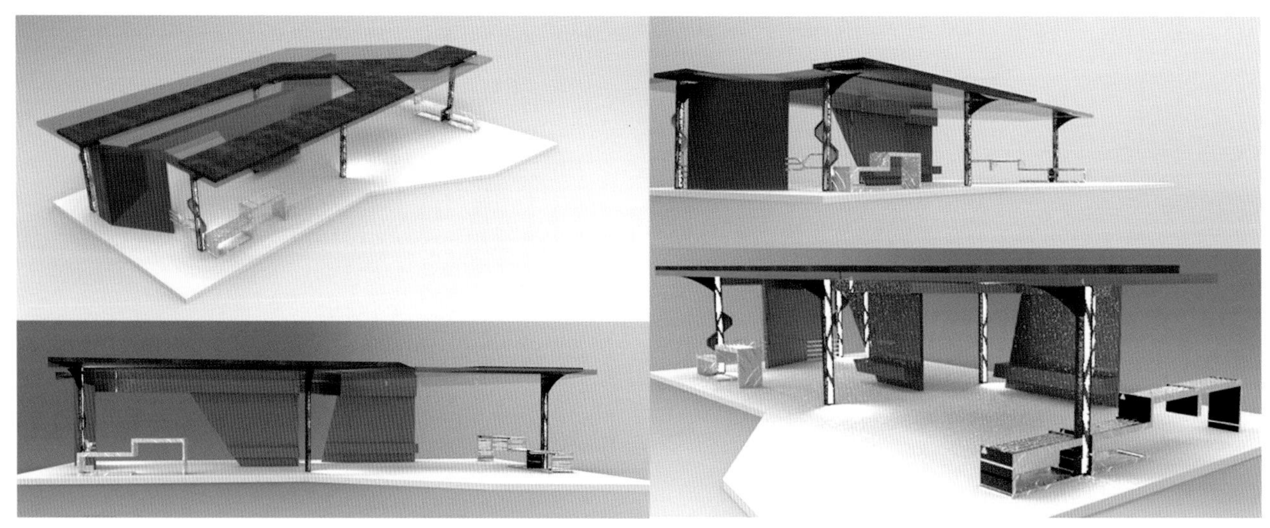

图4-33　候车亭方案1

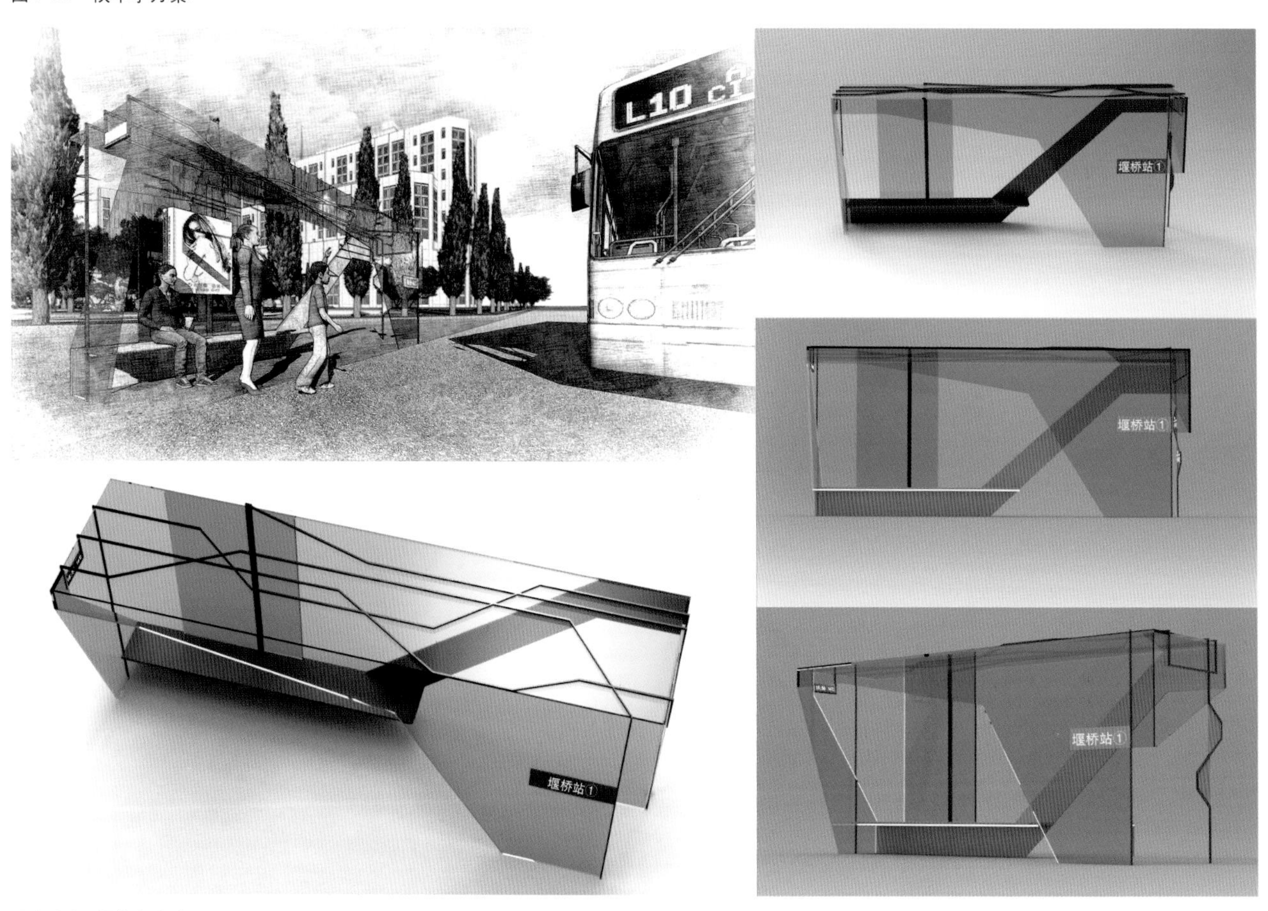

图4-34　候车亭方案2

设计，可自由组合，可顺着地形、基地轮廓做出调整。（图4-36）

垃圾桶：垃圾桶采用防尘防雨滑板。滑板平时处于半开启状态，方便人们投放小型垃圾；当投放物较大时，可以推开滑板，使之完全开启，便于投放。滑板上留有倾斜的卡槽，可阻挡灰尘和雨水。（图4-37）

导向牌与灯具：灵感来源于铁路的路网，用线路走向引导人流，比平面地图更加一目了然。在照明灯具造型上也结合方向的引导功能，从不同角度去看路灯会产生不同的效果，亮灯的灯管连接起来可以形成一条连续

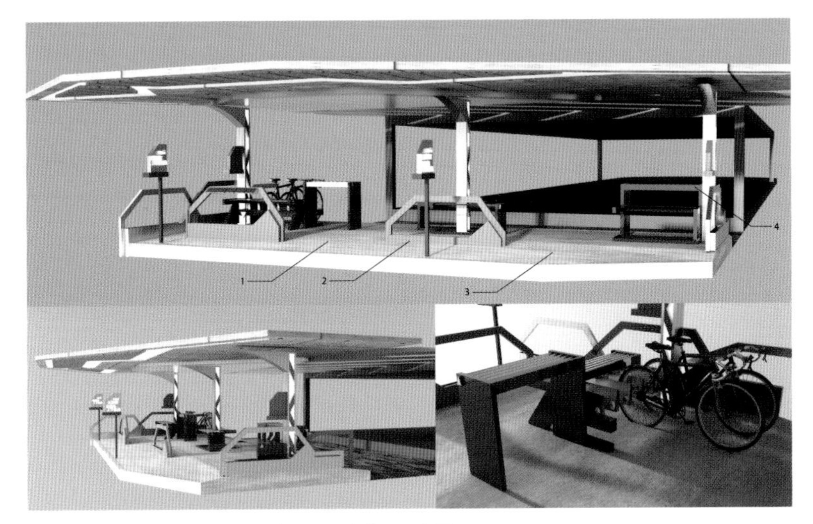

1 普通上下客点　2 扶手　3 无障碍上下客点　4 桌子

图4−35　出租车上下客点

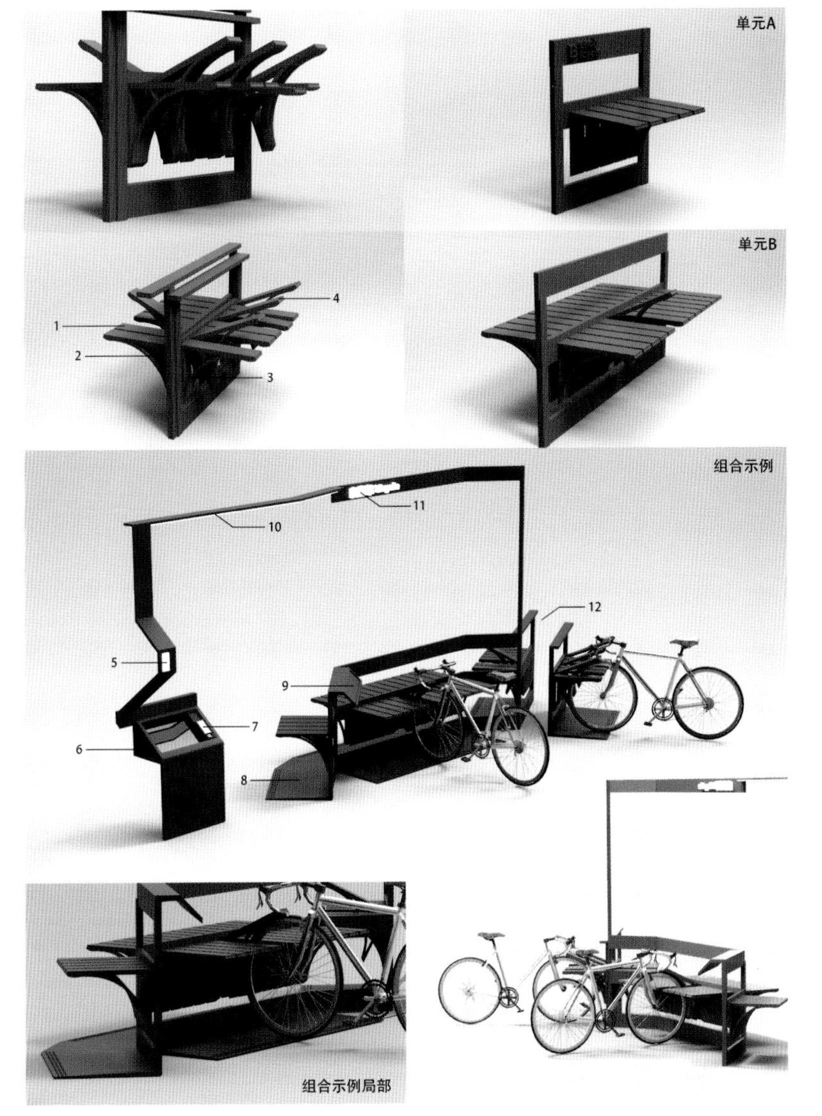

图4−36　自行车停放设施

1 不停车时是水平的坐具状态
2 中空设计，方便挂锁
3 弧形卡槽，贴合自行车轮
4 停车时座板翘起
5 指示灯具有指示、照明的作用
6 自动售锁机，方便忘记带锁的人购买
7 键盘与感应器，购买界面
8 具有坡度，防滑凹凸点
9 使用图例说明
10 顶灯，照明分区使用
11 指示灯，显示区域
12 小走道，供人进入

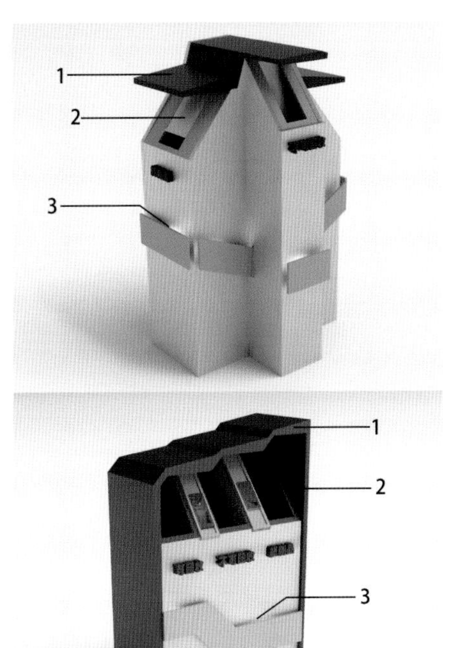

1 遮雨板　　2 防尘防雨滑板　　3 灯光照明

图4−37　垃圾桶

的路线，使从不同方向来的人流都能看到那个方向的路线图。在灯柱的下方，设有两个指示牌，增强指示作用。（图4−38、图4−39）

5. 滨海儿童休闲小品设计（图4−40）

作者：李岚

解析：以“纪念碑谷”游戏为设计灵感来源，利用6个集装箱形成景观小

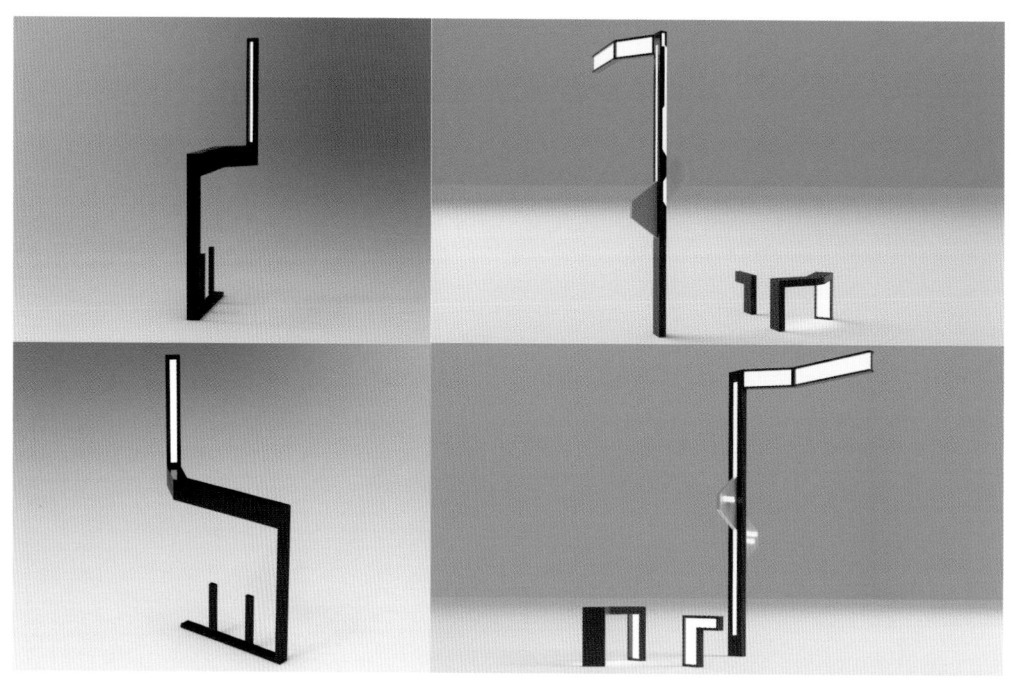

图4-38　路灯

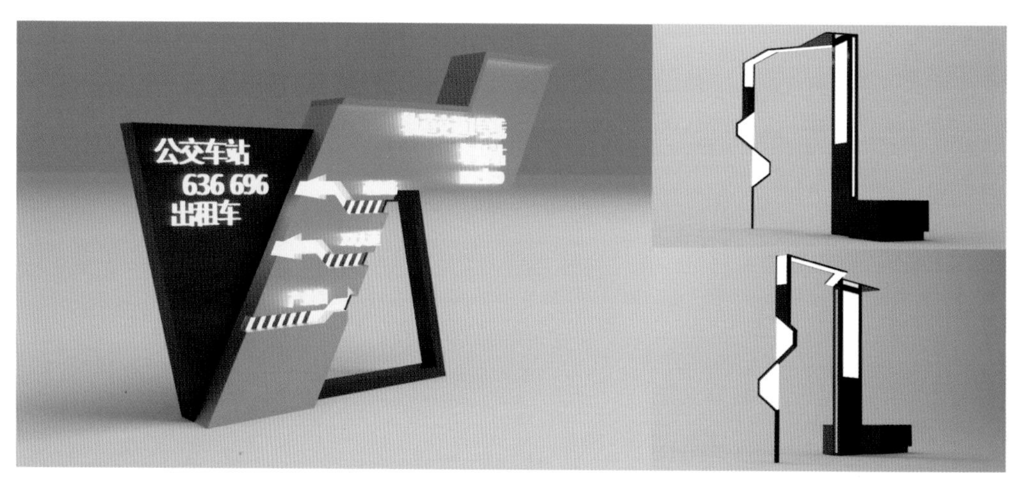

图4-39　导向牌

品的主体结构部分，结合支撑结构和竖向交通，相互搭接、穿插，形成像积木一般富有趣味的造型，让孩童直观地感受到视错觉的奇特与美妙，体验空间和色彩带来的奇妙魅力。采用红、黄、蓝三原色为主色调，拼成多种几何图案。色彩与形态的趣味结合，能吸引儿童的注意力，开发孩子的动手能力、创造力与想象力。内部还设有小型售卖及休闲空间，可供短暂休息、等候之用；外部为主要游乐空间，能满足儿童对攀爬、眺望、探险等游玩目的的需求。考虑到安全性问题，设有多处彩色围栏和楼梯扶手，保障安全的同时不失趣味。

6.江南大学地铁站景观小品改造设计（图4-41～图4-45）

作者：张雅雯　关连苗

解析：江南大学地铁站是无锡交通网络重要站点之一，附近有多个公交车站。地块位于江南大学与星光广场之间，周边有居民区、小公园及商业中心等，发展前景大，预计人流量会不断增长。地铁站出入口在满足最基本的交通转换、人流集散的基础上，同时应满足周边环境不同活动人群的需求，包括小型集会、休闲活动、文化展示等。

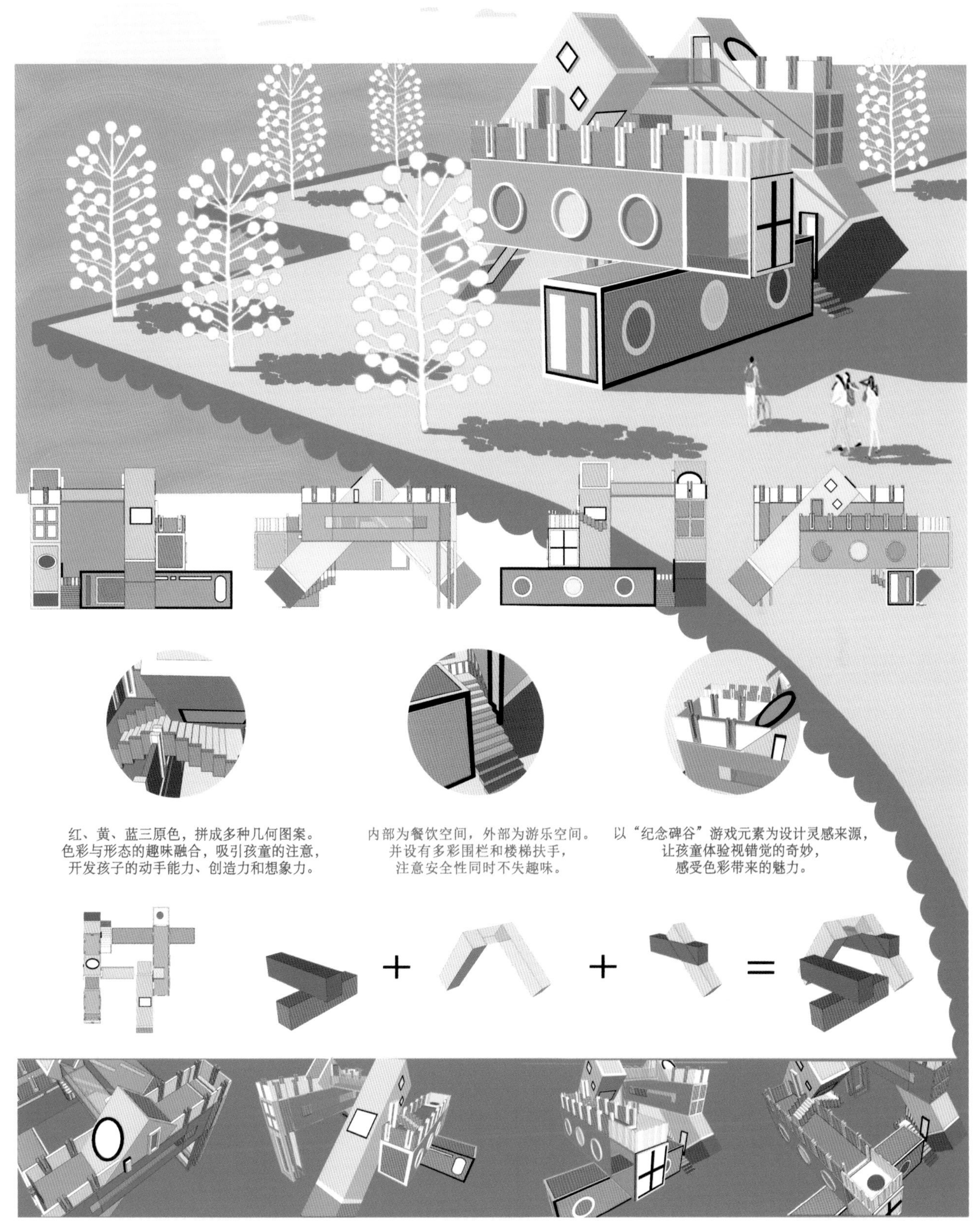

图4—40　滨海儿童休闲小品设计

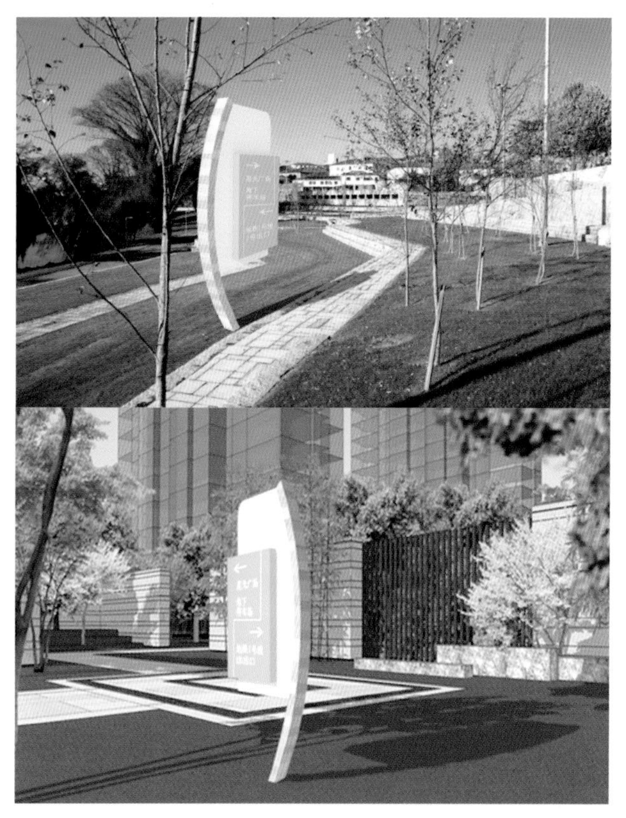

图4-41　导向牌

图4-42　告示牌

图4-43　指示牌

图4-44　指示牌

设计围绕“笙”字展开，在解决基本功能的同时以生态可持续性、人与自然的共生为初衷。通过对设施的系统化设计，让人的行动路线可以做到无缝对接。鼓励人们绿色出行，节能减排。同时根据地铁站的区位关系，结合了江南大学的校园特色，使整个设计更加富有生生不息的青春活力。再结合健康、绿色、可持续的理念，让传统元素与现代元素相融合，营造出一个温馨、和谐、具有地方特色的地铁站。

导向系统：导向牌、广告牌、告示牌等的设计，结合主题“笙”，利用仿生形态，采用曲线形式，贴近自然，设置Led灯槽便于夜间发挥指示作用。导向系统整体完善，色彩统一和谐，有较好的辨认度。（图4-41～图4-44）

公交站：公交站内部将休息区与候车区分开，形成一个半封闭的空间，用于人们休息。大面积的有机玻璃材质，使公交站更显通透，与环境相融合。（图4-45）

7.地铁堰桥站景观小品设计（图4-46～图4-49）

作者：朱子砚　罗依妮

解析：堰桥站是无锡的“北大门”，有四个出入口与周边建筑相连，其中1号出口使用率和人群聚集程度最高，为本次设计的场地。堰桥站的外观类似一艘“画舫”的形象，故景观小品设计采用曲线元素，为其扬帆造浪。

公交站台：灵活运用曲线的元素进行组合，材质上运用了防腐木材和钢化玻璃等透明的材质，使空间更为通透，营造一种轻松的氛围。弧形顶面的设计，增强空间私密性，可防太阳直射和风雨。侧面设置电子信息指示牌，把指示信息与站台融为一体。（图4-46）

休息座椅：结合地铁高架站台的造型，以延伸的方式，将椅子和凳子两种坐具形式融合在一起，兼有坐和躺两种功能。材料以不锈钢为主，防水防腐，在户外更持久耐用，便于维护。（图4-47）

自行车停放架：运用曲线元素，呼应主题，两种形式的车架，适合设置在面积不同的停放区域。稳固的结构设计利于自行车平稳停放，可避免成片倾倒。材质使用不锈钢材，持久耐用。（图4-48）

路障和草坪灯：用来规范和引导人们行为的路障，为了避免夜间可见性不强而产生的安全隐患，将其与草坪灯相结合。500mm的高度，曲折的造型，保证照射面积，且避免了炫光，不会刺眼。

路灯：同样结合堰桥站的整体造型风格，曲线的反光板与喇叭造型的灯杆相结合。路灯不采用直接照明，而是利用光的反射原理而产生的间接照明，在保证光照充足的情况下，光线更加柔和。（图4-49）

8.景观候车亭设计（图4-50）

作者：钱涛

解析：本设计以无锡市民广场附近的景观环境为背景，结合几条客流量不算很大的公交线路来展开构思。

图4-45　公交站

图4-46　公交站台

图4-47　休息座椅

图4-48 自行车停放架

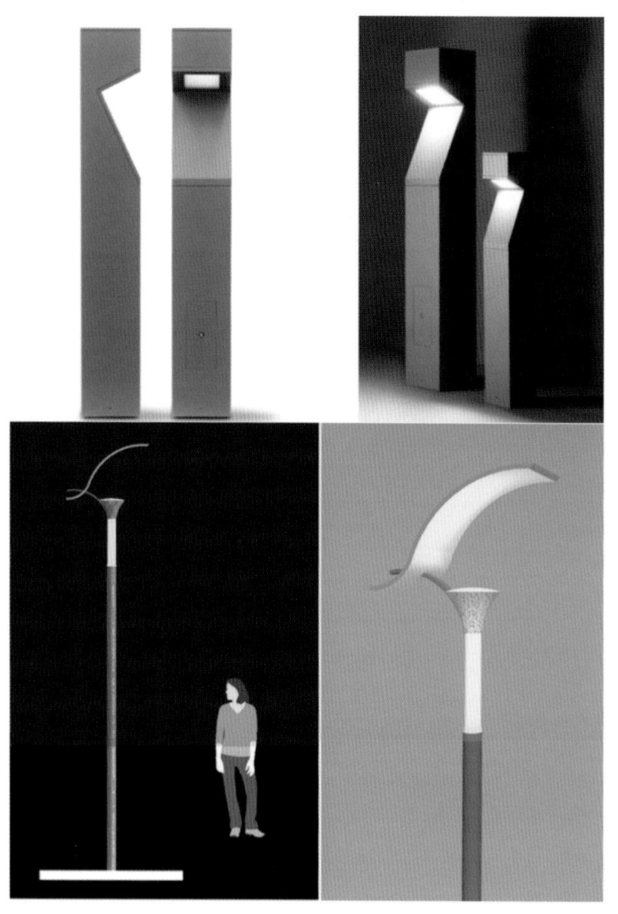

图4-49　草坪灯和路灯

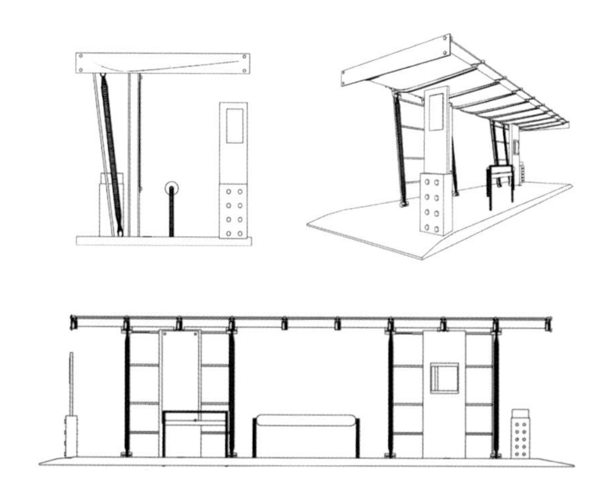

图4-50　景观候车亭

站台采用金属、玻璃及其他合成材料为主，以白、灰、银色为主体色调，呼应周边现代简约的城市环境，使候车亭与周围环境有机协调。采用钢结构和玻璃材质的顶棚，在玻璃下方设置一层布满小孔的钢板，能起到减少阳光直射和形成夜间反射光源的效果。站牌等其他标识采用发光、反光材料，具有较好的识别性。

站台上的其他设施也考虑了乘客的需要。现代化的城市设施需要不断更新，因此在站台的支撑柱内预留了放置其他相关设备的空间，可弹性放置查询系统、自动售货机等。站牌也采用液晶显示屏，方便乘客夜间观察。站台前的栏杆不仅可以供乘客扶靠，还能起到引导乘客上车、维持上车秩序的作用。

9.未来、交互、整合——重塑公交车站系统（图4-51、图4-52）

作者：刘丽娅　张增光

解析：目前中国各个城市的公交站台普遍存在管理无秩序、人员混杂、各种小摊小贩乱占地的情况，造成乘客上下车困难、交通拥堵、路面缺乏安全感等种种问题。城市交通系统并没有很好地为人们的生活带来便利，交通设施的设计也缺乏设计感、科技感和人性关怀。因此，智慧城市公交车站系统设计希望通过未来策略构思、新科技的运用、人性化设计理念的介入实现城市多种功能设施的整合，激活城市环境设施系统，打造更加智慧的城市新环境。设计围绕三种公交站台模式体验、智能掌上App系统服务、绿色生态可持续循环系统展开。

以普通街道公交站台、文化公交站台、商业公交站台三个基本模式来进行设计。重要转乘站台和普通站台的顶棚由玻璃遮阳顶和钢架构成，文化旅游站台的顶棚布置绿植。其目的是想通过三种站台的不同形式来表达每一种站台所独有的个性，因地制宜，与周边环境更融合，让街道行人、公交乘客、公交车司机等多种服务对象有更好的体验。

站台大屏幕提供公交车到站信息查询、广告信息发

普通模式

文化模式　　商业模式

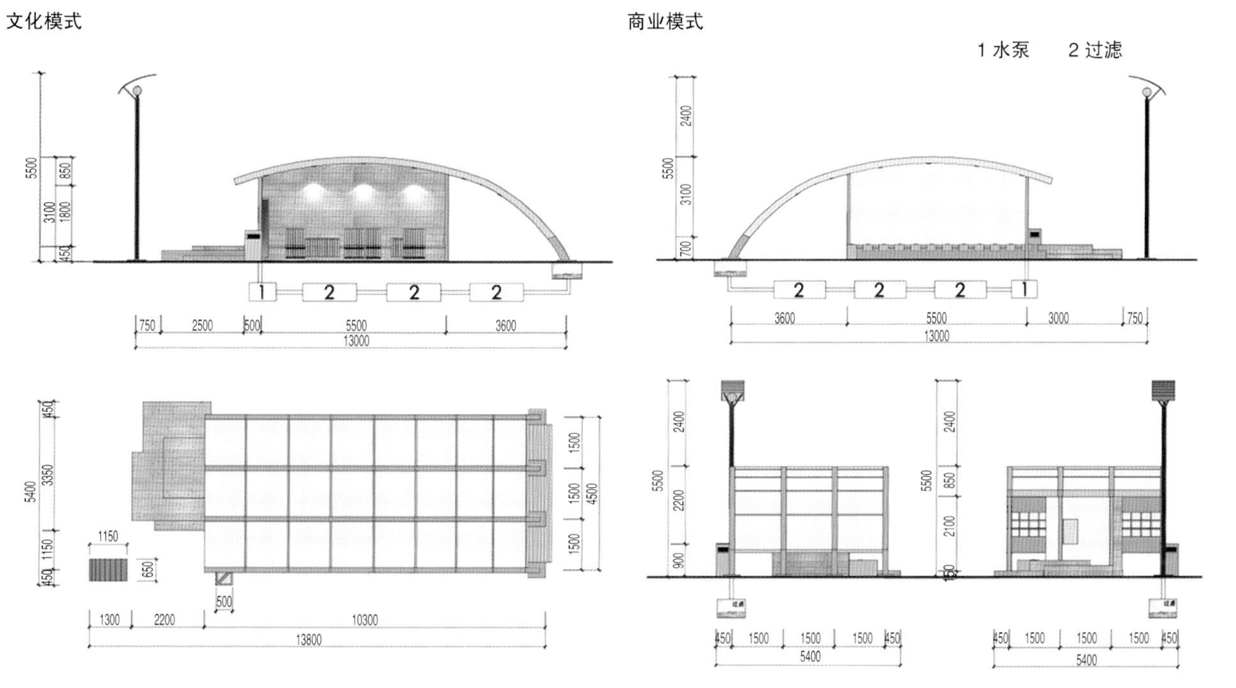

基本视图

图4-51　智慧公交车站1

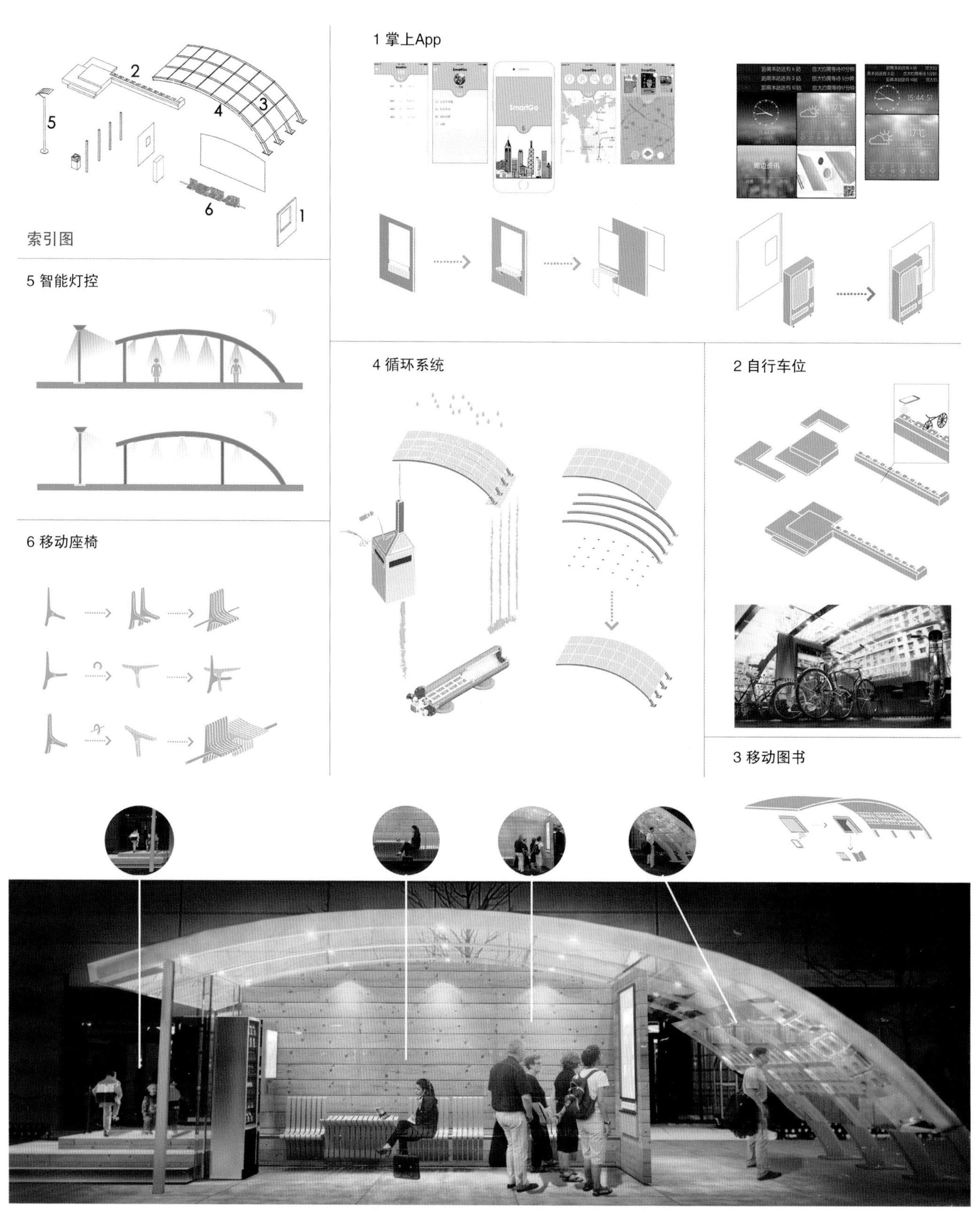

图4-52　智慧公交车站2

布、周边咨询触屏查询、时间天气信息提供、公交客户端登录、手机充电、Wi-Fi信号发射等多项功能。市民还可以通过扫描大屏幕右下角二维码进入手机公交客户端，体验公交到站信息查询、周边讯息查询、公交卡充值、存取自行车、杂志借阅、自助打的等服务。

多功能休息娱乐区与停车设施结合设计，由四个预制构件拼装完成。自行车停车采用物联网技术，通过手机扫描控制自行车停车杆的伸缩关闭，可以在手机客户端定位查看自行车停放位置和停放记录。站台下车通道处的雨棚内壁安装了杂志图书阅览壁柜，候车时可以通过手机扫码，低价有偿借阅报刊，用于等车过程中消遣时间。各个站点的壁柜都能满足借还，避免由于仓促上车而来不及还书所带来的不便。城市公交借阅系统会登记乘客信用额度，进行一定的约束。

站台照明系统由站台外照明和站台内照明两部分组成，采用自动感应技术，夜晚灯光自动开启。无乘客候车时，维持站台视野内可见的低耗能模式；有乘客候车时，通过感应器自动提升、控制灯光照度。

站台内座椅由多个可以绕支撑轴旋转的构件组成。多个构件合并可提供座椅的功能，多个构件绕支杆旋转90° 可提供桌子的功能。构件还能沿支杆方向移动，人们可以根据需要自主调节座椅之间的水平距离，以满足各自的心理安全距离。

站台内还设置了水回收循环系统。站台有独立水过滤系统，收集的雨水和废水经过过滤转化为干净的水源，可作为高温天气站台喷雾降温的水源。站台顶棚设计成弧形，利于雨水由顶棚汇入雨水收集槽。垃圾桶兼有收集废水功能，收集的废水也可以进入站台水过滤系统进行过滤。

10.深圳龙岗海滩景观小品设计（图4-53～图4-60）

方案一解析：

龙岗海滩地处我国改革开放最前沿的城市深圳。这个寸土寸金的城市，有着丰富的海岸线资源。海滩景观小品设计的初衷在于尊重场地的自然条件，引导人们发挥主动性，建构环境的整体性。如露天咖啡吧等小品的设计，设置了抬高空间，以防止涨潮对景观小品产生负面影响。同时这一系列景观小品不是单个设计效果的简单、机械累加，而是相互补充、相互协调、相互加强

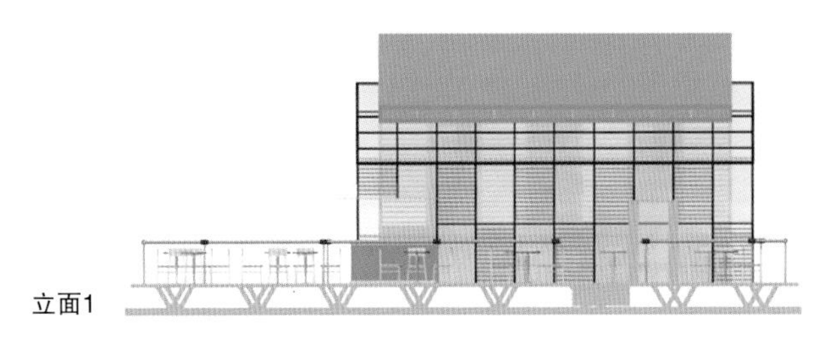

立面1

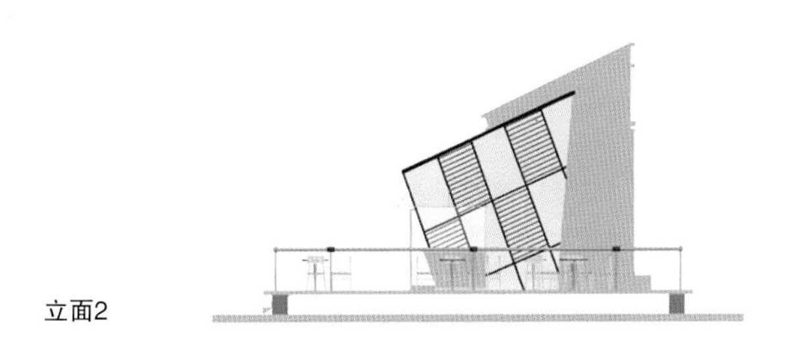

立面2

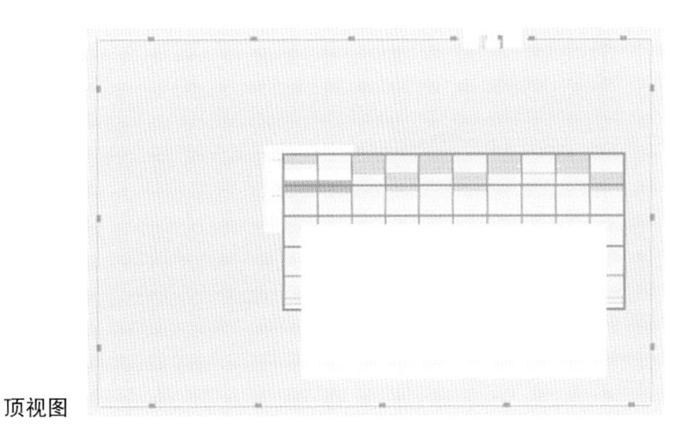

顶视图

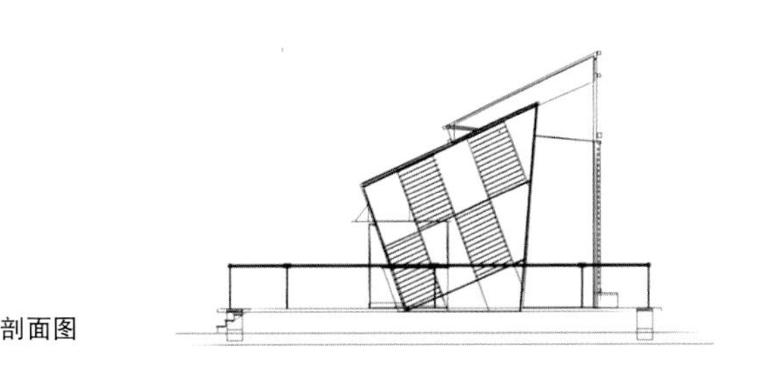

剖面图

图4-53　露天咖啡吧

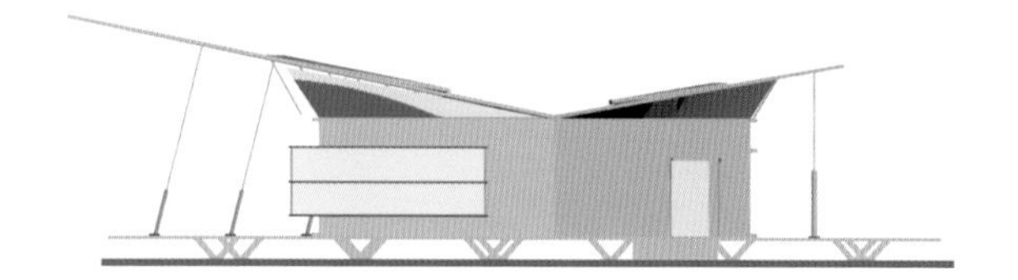

立面1

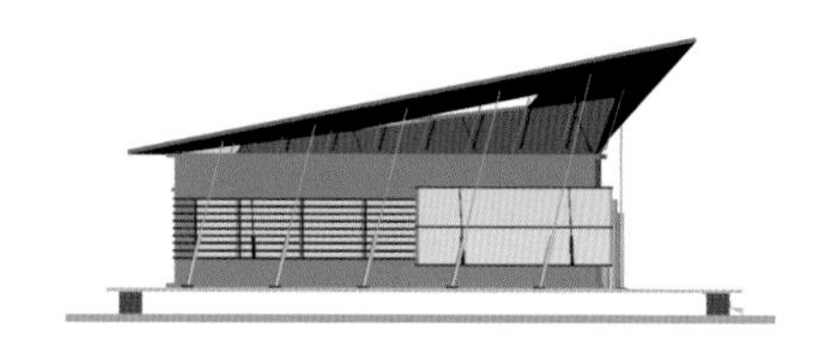

立面2

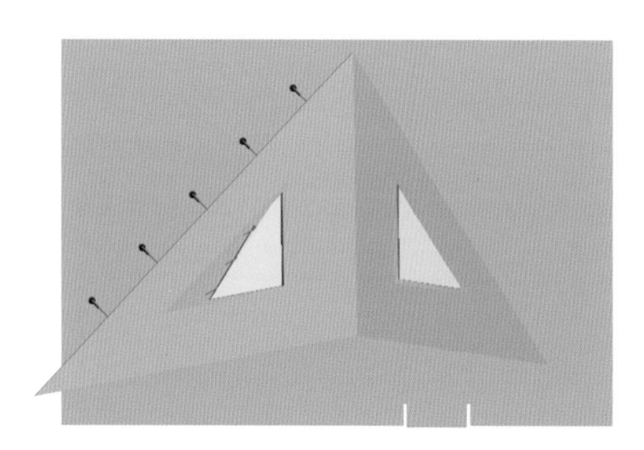

顶视图

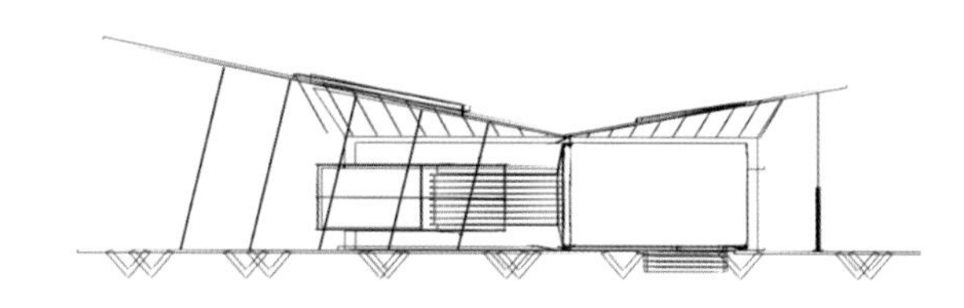

剖面图

图4-54　小卖部

图4-55　露天淋浴设施

的综合效应，强调的是整体的概念和各部分之间的有机联系。

露天咖啡吧由风帆的造型展开构思，主要由台架与楔形建筑构成。楔形建筑主要由倾斜的玻璃墙面与清水混凝土墙面构成，玻璃的墙面不但给人清新的感觉同时也和碧水蓝天巧妙融合。（图4-53）

小卖部的设计灵感来源于纸飞机。顶部造型上采用了曲折的形态，并且设置天窗以增加室内采光，也使得整个景观小品显得更加轻巧灵活，从远处眺望就像一架飞机飞翔于海天之间，也给周围环境增添了不少情趣。（图4-54）

露天淋浴设施的使用功能是为使用者冲去身上的海水与泥沙，由于本身功能上要求很简单，造型上以简洁的形式来实现。简洁的造型与其他设施从形式结构上实现了呼应。（图4-55）

遮阳休闲设施采用秋千的造型，给海滩增添几分“悠然自得”的感觉，让人们体会在碧海蓝天下的悠哉意境。（图4-56）

图4-56　遮阳休闲设施

图4-57　游泳救生台

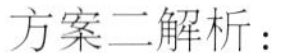

方案二解析：

整套景观小品设计力求最大程度使小品融入周围环境之中。整体风格定位为田园与现代相结合的形式，用传统与现代的材料相互融合构成简洁的外观形态。大量运用木板、木栅格、钢材和玻璃，材质上的软与硬、色彩上的冷与暖相互包容，与造型上的夸张、变形、舒展、想象一同构筑成整体现代的语言风格。

游泳救生台结构上使用钢架结构，能抵挡海边的风吹浪打。扶手和台面这些救生员经常接触的地方采用温和的木头。（图4-57）

小卖部的正面朝向大海，推拉玻璃窗外设置木栅格，遮阳的同时可保证通风；可移动的窗可以形成多样的组合方式。两侧立面用宽大的玻璃门打破墙体的厚重感、增加空间的通透性。（图4-58）

露天酒吧倾斜的木质柱子与顶部造型相呼应，富有动感；顶部开敞的形式不仅具有韵律感，还能遮阳，也便于空气流通。整个酒吧只有吧台部分掩在顶棚之下，阳光透过镂空的木栅格投下斑驳的影子。夜幕降临，凉爽的海风吹来，这里成为一个受人欢迎的好去处。（图4-59）

休闲用品出租店的外形好似被剥开的盒子，内外双层结构丰富了空间的趣味性，形成封闭与半封闭、开敞与半开敞的空间对话。（图4-60）

11.都市方舟——郑州科技市场景观小品设计（图4-61～图4-65）

作者：巩韧

解析：郑州科技市场是全国七大常设技术交易场所之一，是中西部地区技术交易中心、河南省最大的IT产品集散地。其位于郑州市文化路与东风路交叉口，周边建筑密集，有各种居民社区、科研院所和大中专院校。场地人流众多，交通拥堵；小摊小贩占道经营、三轮摩托四处拉客现象严重，使文化路乱象丛生，丝毫没有“文化气息”。此次设计希望通过统筹规划和景观小品设计，改善场地环境，为顾客、商家、周边居民及附近学生营造一个可供漫步、游戏和休闲的场所。

公交站台的设计是以对周边交通情况的调研为基础的。原公交站台之间的距离太近、路线众多，加上公交车频繁进站的行为严重加剧了道路的拥堵情况。本设计将距离较近的两站合并成一站，并将新站台分成两个部分，分别将相似方向的公交路线归在一起。如此一来，

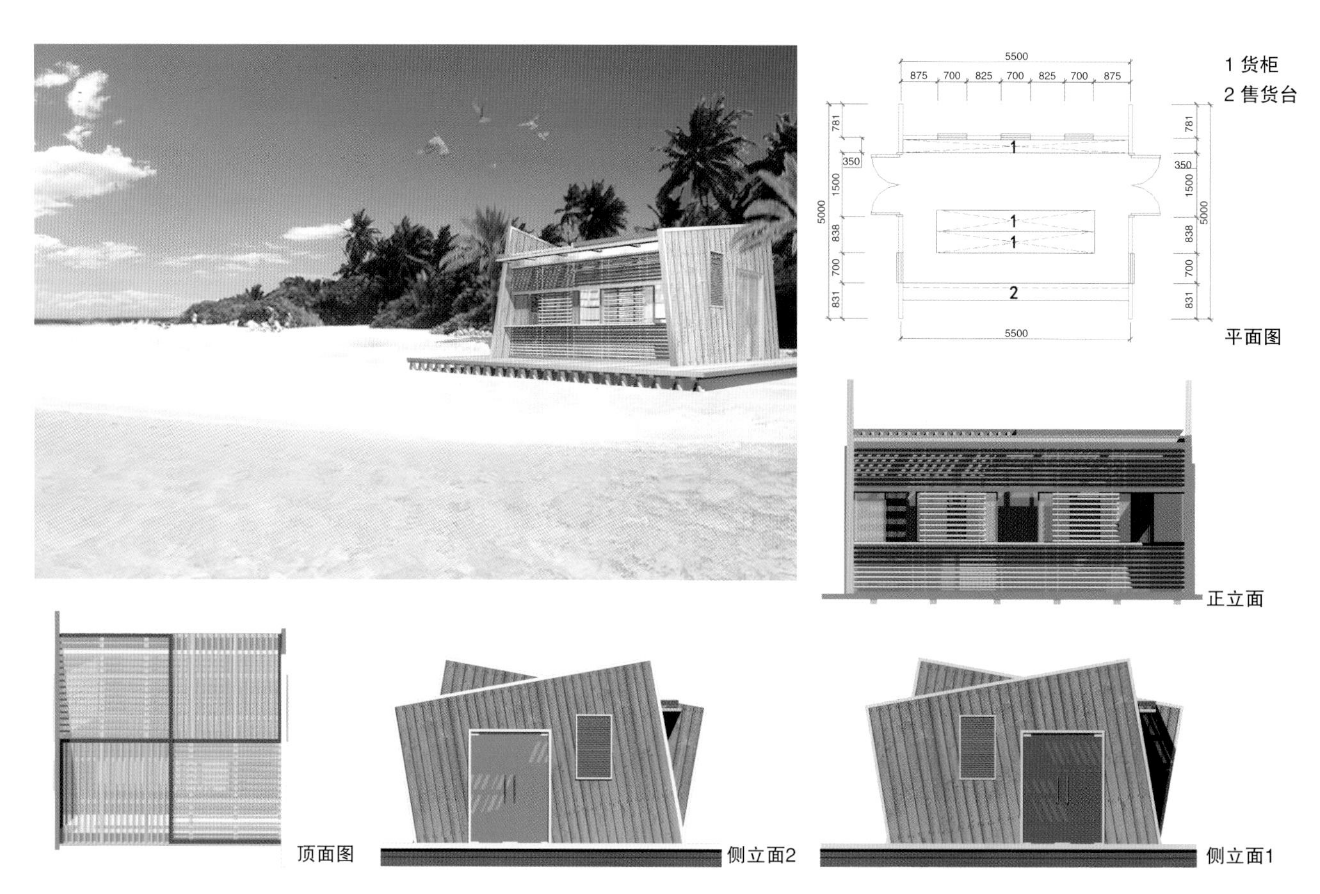

图4-58　小卖部

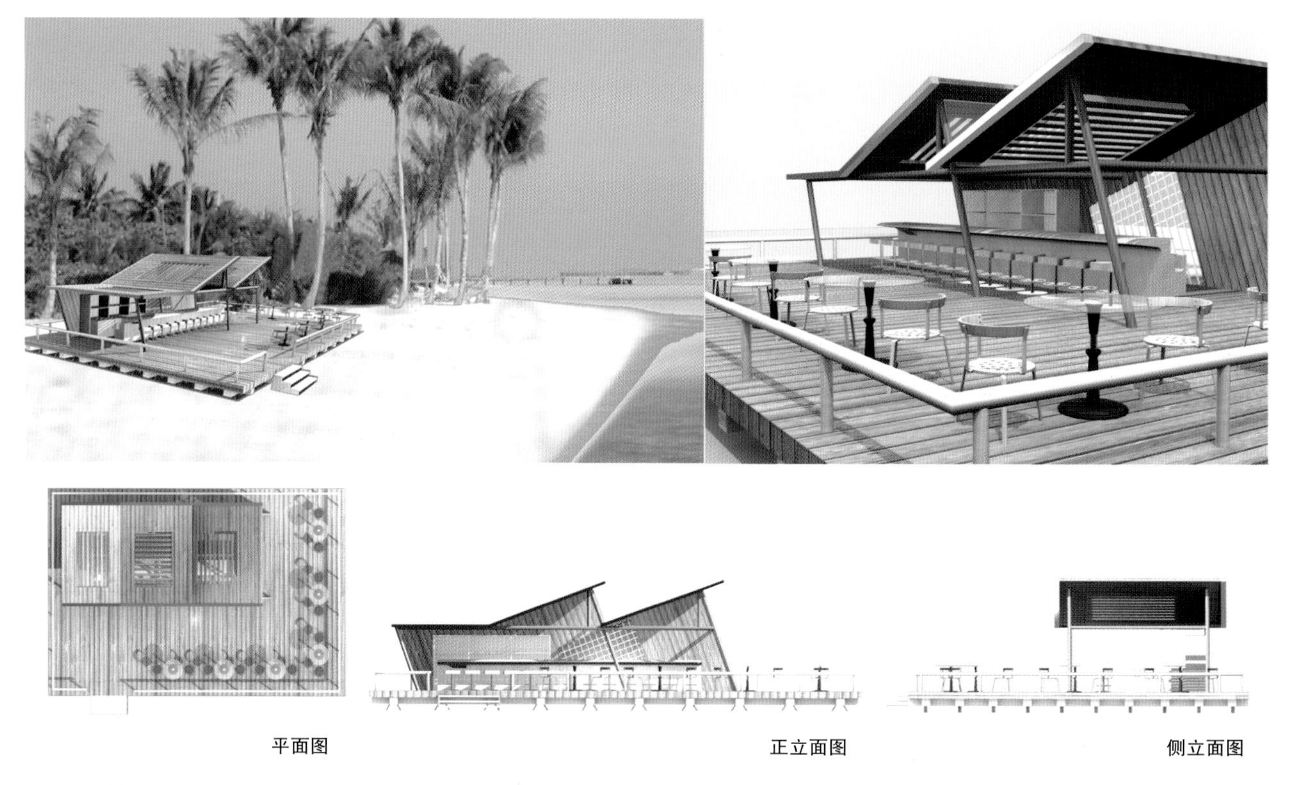

图4-59　露天酒吧

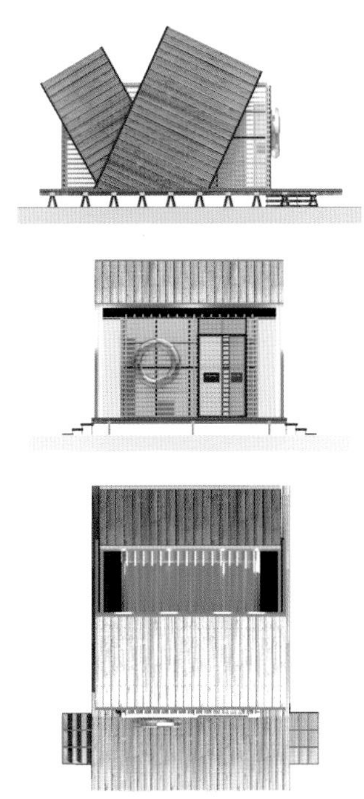

图4-60　休闲用品出租店

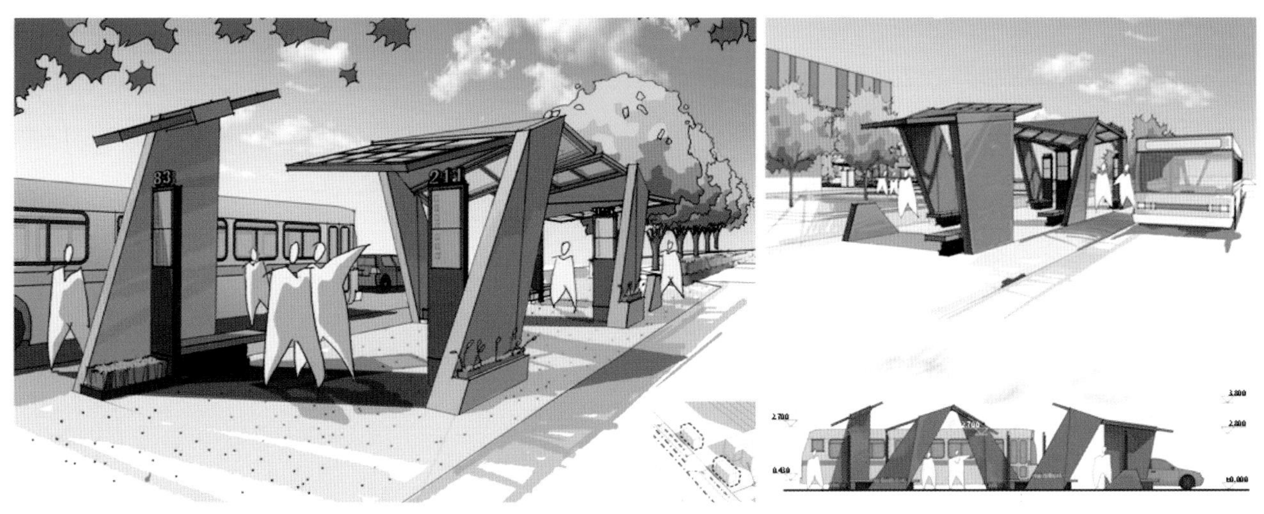

图4-61　公交站台

将候车的乘客也间接进行了分类，机动车道的压力也得到了缓解。（图4-61）

灵塔广场是在一个退台的地下卖场之上。垂直升降的电梯包裹着曲线平滑的特色表皮，从外面看就像一个灵动的宝塔，乘坐电梯的人随着电梯的起落可以透过玻璃看到室外优美的景观环境。在立体城市的设计思想指导下，须加强对地下空间的利用，地下自然采光就成了非常重要的问题。通过地上采光井和景观小品，如休息亭、旋转楼梯或广告塔等的结合，达到形式和功能的完美结合。（图4-62）

靠近文化路的入口广场，以长短变化的矩形种植池设置在回形长廊的两侧，其中多数种植比较低矮的草本植物，游人在远近距离不同的地方观看，会有不同的视觉效果。回形长廊中被围合的空间内，有下凹和上凸两种不同形式的种植池，并且用石块进行圈状压边装饰，人们可以步入其中休息，参与到景观小品当中（图4-63）。临近东风路的入口广场也采用相似手法设置景观小品，为人们提供更多高品质休闲环境（图4-64）。

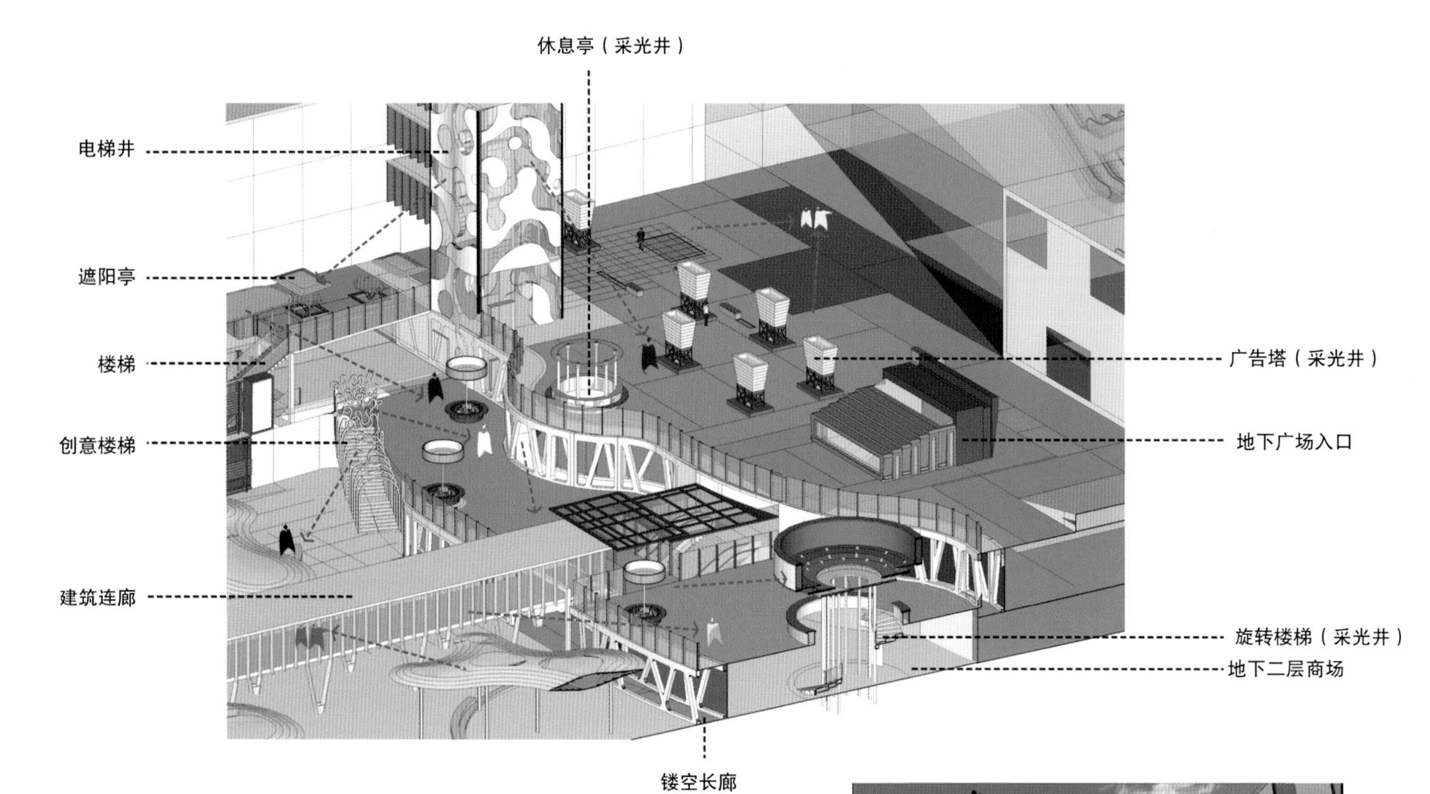

灵塔广场剖立面图

图4-62 灵塔广场

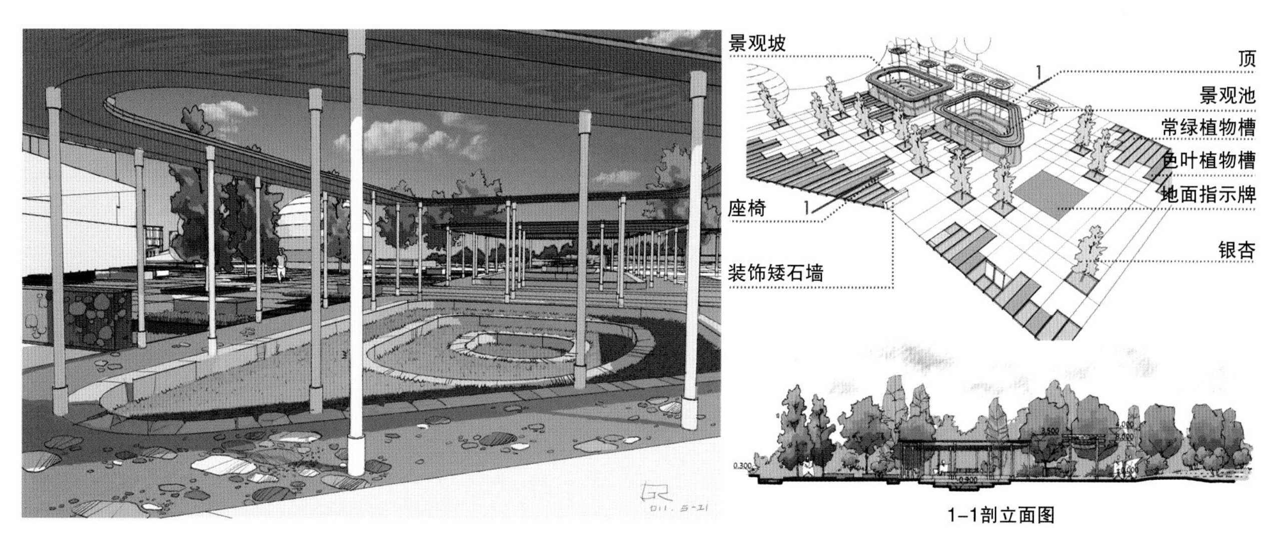

图4-63　文化路入口广场

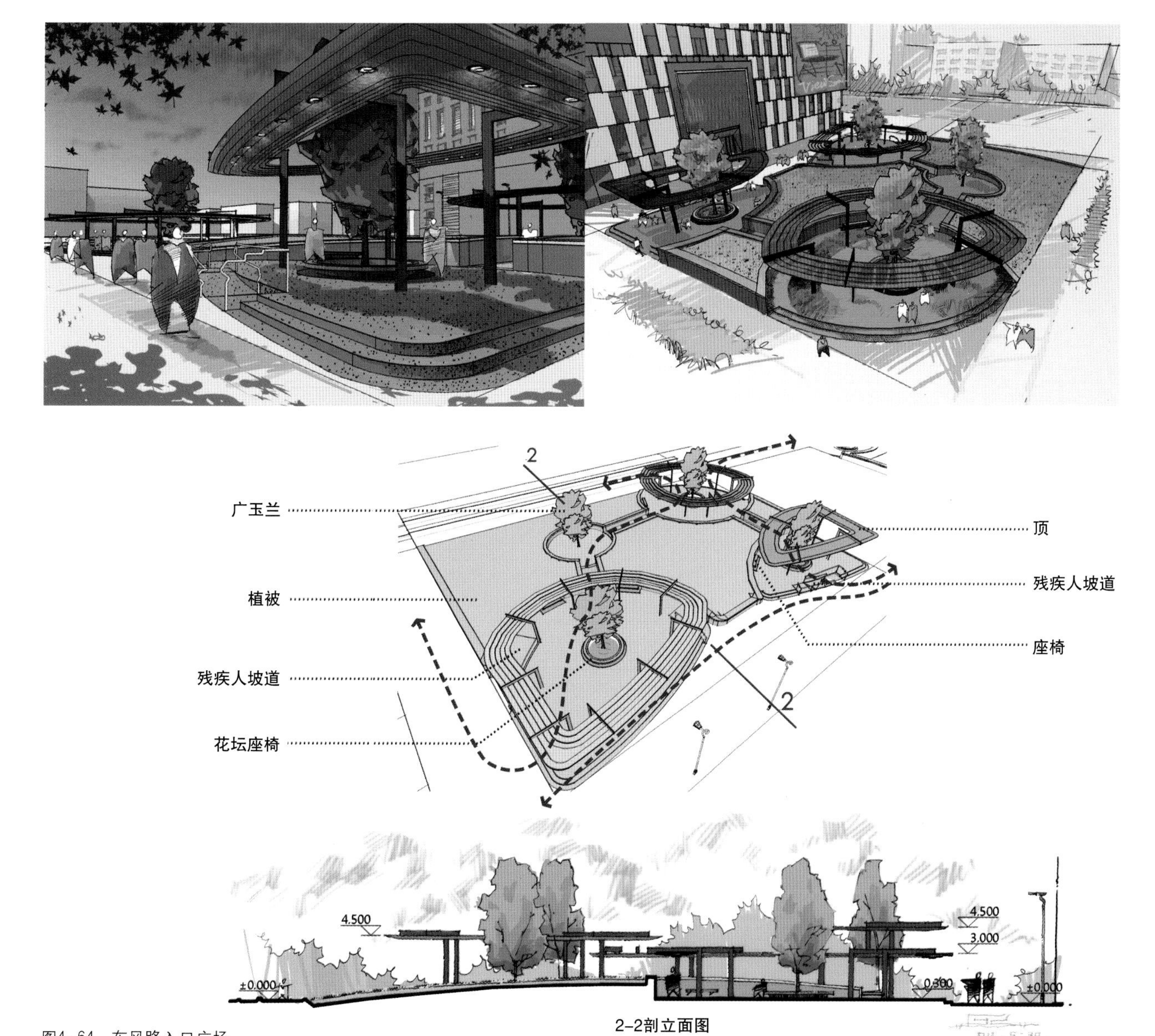

图4-64　东风路入口广场

图4-65 森林码头、采光井

地面上的景观小品富有特色。森林码头是主要由景观植被组成的游人停留场所。平滑的不锈钢板反射着周围的行人和景观，如同飘浮在半空的云朵一般。旁边的地面绿化上设置用植被包裹的采光井，采光井的平面形式虽然简单，但是在人的三维视角中，就变成了一个个凸出的小草坡，巧妙地融入环境之中。（图4-65）

第五章　景观小品设计图例

本章学习重点与难点

景观小品的构思方法。

本章学习目标

通过对本章的学习，进一步加强学生对景观小品设计相关基本理论的认识与理解，拓宽学生的视野，提升认识的高度，激发学生在相关实践训练中的灵感。

第五章　景观小品设计图例

图5－1　爱沙尼亚美术馆的入口标志，巨大的字母和趣味的排列令人印象深刻，不锈钢材质的反光及镜面效果加强与环境的互动

图5－2　上海西岸公共卫生间，形态简洁，整体采用玻璃砖，尽可能减少对环境的干扰

图5-3　东京，入口标志小品，由几何形态组合成假山的形象，不仅能吸人眼球，且具有衔接天桥、引导流线等作用，材质色彩与地面铺装相协调

图5-4　丹麦国家图书馆，亲水平台设置不同的阶梯高度差，满足游客走和坐的需求

图5—5　大阪，风井与时钟组合，模仿轮船的造型，色彩鲜艳，观赏性强

图5—7　奥斯陆某公交站台

图5—6　奥斯陆某过街天桥，采用金属网板作为桥面材质，贴心地为穿细高跟鞋的人镶嵌了金属板

图5—8　赫尔辛基某公交站台，围合性强，使用大面积有机玻璃保证视线通透，空间虽小，但功能实用、完备

图5-9　大阪街头雕塑，朴实而简单的造型，没有空洞，没有炫技，提高了地区的文化品位和价值

图5-10　京都火车站风井，简约的外形与规则排列的通风口都与京都火车站的整体风格相呼应，不失自身的独特性

图5-11　哥本哈根某雕塑，残缺的表面暴露出内部的复杂结构，暗示着作品隐藏着深刻的寓意

图5-12　奥斯陆雕塑小品，写实风格的雕塑小品更容易使人产生共鸣，增强与人的互动性

图5–13　奥斯陆街头雕塑，如此殊形怪状的造型仿佛来自天外，给人无限想象的空间

图5–14　赫尔辛基某采光井，富有趣味性的泡泡造型组团排列

图5–15　赫尔辛基某采光井，坡面与磨砂玻璃的组合，利于阻挡视线和排水

图5-16　赫尔辛基某装置小品，如同翻折的一张纸片，给这里的环境增添了活力

图5-17　赫尔辛基某装置小品，由线元素有序排列组合成形态、方向各异的面，富有韵律感，中间的空间可满足人们互动的需要

图5-18　赫尔辛基某装置小品，由几块自由形板材穿插构造而成，与儿时的玩具积木十分相似，抽象的造型结合鲜艳的色彩，营造出快乐活泼的气氛

图5-19　东京街头雕塑，不同质感的钢材锻造而成抽象形态小品，装点环境，提升环境的品质

图5-21　哥本哈根街头雕塑，将日常的生活用品放大、艺术化处理，充满了生活的气息

图5-20　东京都厅雕塑，扭转的几何造型似乎具有一种动感，光洁的材质与精致的制作工艺体现了经济快速发展的工业时代的日本的特点

图5-22　奥斯陆街头雕塑与水景

图5-23 赫尔辛基某雕塑，内部的顶端设置了照明设备，夜间能呈现出不一样的效果

图5-25 东京，入口标志小品与水景组合，用几何方块元素统一整个小品，错落有致、变化丰富，给步行者带来愉快的体验

图5-24 东京街头雕塑，犹如“如来神掌”在裂开的岩石上留下巨大的掌印，给街道步行空间增添趣味性

图5-26 广岛街头雕塑，朱红色的钢铁身躯格外耀眼，是一件十分高调的作品

图5-27　哥本哈根，传统喷泉水景的组合

图5-28　奥斯陆，岸上的水池、瀑布将水景延伸向河边，“踩高跷的人”形成河中的视觉中心，勾起人们对过去的回忆与遐想

图5-29　哥本哈根，非常典型、传统的喷泉与雕塑组合，端庄而典雅

图5-30　奥斯陆某雕塑，金属和玻璃材质构成的风帆，标志性十分强烈

图5-31　赫尔辛基某趣味装置，塔的形态可以有很多样，锥形的、倾斜的、堆积的等

图5-32　广岛基町credo雕塑，废弃金属材料的再利用

图5-33　奥斯陆街头喷泉水池，多个放射状的喷头组合成蒲公英形态的喷泉效果

图5-34　东京表参道，趣味铺装与雕塑，坚硬的石材在扭转的作用下似乎变得柔软了，新奇感油然而生

图5-35　奥斯陆某公交站台，无多余的竖向支撑结构，可达性强。弧形的围挡与轻巧的玻璃结构相结合，起到防风与保证视线通透的作用

图5–36　上海前滩公园休息驿站，将卫生间与休息室分别处理成两个独立的空间，中间的走廊通风良好，是极佳的户外休息场所

图5–37　奥斯陆街头雕塑，剪折的手法塑造出别致的空间形态，简洁的造型与环境相协调

图5–38　奥斯陆街头雕塑与水景，竖立的金属网板好似风帆，与水景相结合，犹如一艘乘风破浪的船

图5–39　马尔默的趣味雕塑，光洁的金属半球体很容易成为视觉焦点

图5–40　哥本哈根某种植池，楔形种植池与耐候钢板、混凝土、木材相结合，丰富的质感变化给环境增添了层次

图5–41　马尔默，水中的小品，采用了仿生的形态，促进人与水面的亲近度

图5—42　赫尔辛基喷泉水景，壮观的大型音乐喷泉组合是岸边观景台的重要观赏对象

图5—43　马尔默，圆形坐具与种植池在形态上协调统一

图5—44　马尔默，趣味雕塑与水景，电镀金属半球体与自然石块的奇妙相遇，结合涌泉、溪流等水景，妙趣横生

图5—45　奥斯陆某喷泉水景，无边水池与喷泉的组合，喷泉的形态出人意料，富有创意

图5—46　大阪梅田蓝天大厦坐具与水景，简约而不失自然风格的石质坐凳，与水池的形态相得益彰

图5—47　奥斯陆街头坐具，可坐可躺，局部设置靠背增加丰富性，与垃圾桶组合方便使用

图5-48　哥本哈根某坐具与遮阳棚，观景台上设置了坐具，局部支撑起遮阳棚，遮阳棚有框景的作用，且与指示信息结合起来，功能完备

图5-49　丹麦国家图书馆的坐具，宽阔开敞的休闲空间设置大量木质坐具，结合垃圾桶进行布置，即便人数众多，也能满足他们休息的需求

图5-50　马尔默海滨木质连椅，与观景台综合设计的连椅，粗糙的木材质感使其自然感十足，与环境关系十分融洽

图5—51　赫尔辛基儿童设施，占地面积小，设置于沙坑中，利于增强儿童之间的交流互动

图5—52　赫尔辛基儿童设施，与休息设施相结合，满足监护人陪伴、看护的需要

图5—53　赫尔辛基儿童设施，树桩环绕组合成儿童设施，与自然环境完美融合，发挥自然环境的最大优势

图5—54　赫尔辛基某儿童设施，其功能主要为较低龄儿童服务

图5—55　赫尔辛基某儿童设施，其功能主要为大龄儿童服务

图5—56　赫尔辛基喷泉水池，非常典型、传统的喷泉与雕塑组合

图5–57　赫尔辛基某坐具，底部是粗野的金属网和石头的组合，与环境协调

图5–58　赫尔辛基某坐具，木质的坐面可以有效平衡金属与混凝土材质的冷漠感

图5–59　赫尔辛基某坐具，可移动的户外坐具方便管理和组合

图5-60　马尔默某坐具，鲜艳的色彩使人眼前一亮，活跃了空间的气氛

图5-61　奥斯陆某坐具设计，几道切缝丰富了整体的造型，照明灯具设置于切缝中，不会破坏造型的整体感

图5-62　淡路岛梦舞台坐具与种植池组合，坐面与靠背、扶手的结构分离，可防止积水；坐面前侧边沿线倒圆角处理，增加舒适度。看似简单却充满细节

图5—63　奥斯陆某自行车停放设施，因地制宜设置停放设施，结合遮阳棚能更好地保护车辆。坡度较陡的地方，则顺着下坡的方向设置，以避免车辆倾倒

图5—64　奥斯陆某公共自行车停放设施

图5—65　哥本哈根，自行车停放设施，简约的造型能有效降低对环境的影响，经济又实用

图5-66　赫尔辛基自行车停放设施，停车的具体操作方法用示意图的方式印在设施的上方，使人一目了然

图5-67　赫尔辛基自行车停放设施，简约的造型能有效降低对环境的干扰，经济又实用

图5-68　赫尔辛基自行车停放设施，与机动车停车场并置，方便人们改换出行方式

图5–69　哥本哈根自行车停车处，根据场地形态灵活地进行设置

图5–70　马尔默海滨观景台与坐具，木质铺装满足人们对散步、静坐、眺望等功能的需要

图5–71　马尔默海滨种植池与照明设备，路灯与草坪灯交错设置，草坪灯的形态体量与路障极为相似，具有多种功能，错落的布置形式使灯光变得活跃起来

图5-72　奥斯陆街头坐具与种植池组合亲切的材质、宜人的尺度与完善的功能，使这里成为受人欢迎的休息空间

图5-73　上海街头某树池，陶瓷质感与趣味涂鸦图案相结合，使街道空间增添了许多人情味

图5-74　马尔默海滨石质种植池，错落有致的压边丰富了造型的形式感，光洁的表面与粗糙的沙石形成对比、增添细节，恰当的高度还能用作坐具之用

图5–75　马尔默儿童设施，具有神秘感的儿童设施能激发儿童的好奇心和探索欲

图5–76　奥斯陆某公共自行车停放设施，设置于街边，便于人们的出行

图5–77　赫尔辛基某景观灯，仿生的形态和自然的材质极富亲切感

图5–78　马尔默木质坐具，将一整棵原木切割成长凳，保留原木粗糙的纹理和天然的表皮，自然的气息十分浓厚

图5–79　赫尔辛基护栏与垃圾桶组合，在路口或角隅这种可能发生短暂等候行为的空间设置垃圾桶，利于保障清洁卫生

图5–81　奥斯陆某风井与时钟的组合，设置多个钟面朝向各个不同方向，便于不同方向的人群观看；金属质感的外表与邻近建筑的风格相一致

图5–80　东京街头雕塑与时钟的组合，不仅仅是一个提示时间的工具，还具有不俗的品位，艺术气息十足

图5–82　哥本哈根街头电话亭，一整块电镀金属材料弯曲构成电话亭的主体部分，顶部精心设置了凹槽，以防止雨水滴落

图5—83　奥斯陆地面标识，巨大字母构成的标识与铺装相结合，把对环境的影响降到了最低

图5—84　东京街头导向牌，系统化景观小品设计之一，色彩十分醒目

图5—85　大阪梅田蓝天大厦导向牌，梅田蓝天大厦的景观小品有统一的形式语言，导向牌便是其一，整体造型与建筑风格相协调，识别性强

图5—86　东京街头导向牌，石材与金属相结合丰富了表面的质感，兼有气候测量的功能

图5-87　斯德哥尔摩，雕塑与照明设备结合，红砖盘旋叠砌，朴实的材料与精巧的工艺相结合迸发出生气，让人惊喜

图5-88　上海世界公园，雕塑与照明设备的结合，金属网把照明灯具包围其中，将灯源隐藏起来，也加强了照明设备的观赏性

图5-89　美秀美术馆照明设备，简约的形态和材质的质感与美秀美术馆建筑的风格保持一致

图5-90　东京街头坐具，金属质感的坐面上泛起层层彩色的涟漪，被固化的液态形式令人回味

图5-91　美秀美术馆花槽，小巧的造型与苔藓的体量特征相协调，可移动的设计便于苔藓这种特殊植物的维护

图5–92　赫尔辛基某坐具，金属的框架结构与台阶扶手的风格一致，网面结构的坐面和靠背能有效避免积水，利于维护

图5–93　马尔默海滨的路障，路障体量巨大、无法移动；路障之间的距离能允许小汽车通行，卡车等大型车辆则是不被允许的

图5–94　奥斯陆种植池的组合，由耐候钢板围合而成

图5−95　上海某种植池，由耐候钢板围合而成，不等高的压边处理增加了趣味性

图5−96　上海街头花池，花卉的颜色各异，巨大的黑色花钵能起到统一、协调的作用

图5−97　大阪难波公园种植池，独特的造型、光洁的质感与蒲草相得益彰，给人留下深刻印象

图5–98　哥本哈根圆形耐候钢种植池，极简的圆形造型与简单的植物元素十分协调

图5–99　东京六本木之丘，台阶的护栏充满快乐的童趣，波浪状的护栏既满足功能上的需要，又增添了艺术的活力，削弱了金属材质带来的冰冷感，充满人情味

图5–100　大阪街头指示牌，方形的金属信息牌置于木质底板上，整洁美观且便于替换

图5–101　赫尔辛基种植池与护栏组合，有效地保护了娇弱的植物

图5–102　哥本哈根街头种植池，种植池的形态完全由硬质的步行空间限定而成，形成“正负形”的效果，朴实的形式元素突出了景观的整体性

图5–103　东京街头种植池，设置轮椅与婴儿车临时停放处和坐凳，贴心的设计倍显温情

参考文献 >>

[1]黄曦，何凡.景观小品设计[M].北京：中国水利水电出版社，2013.

[2]张海林，董雅.城市空间元素公共环境设施设计[M].北京：中国建筑工业出版社，2007.

[3]冯信群.公共环境设施设计[M].上海：东华大学出版社，2010.

[4]刘福智，孙晓刚.园林建筑设计[M].重庆：重庆大学出版社，2013.

[5]孙明.城市园林：园林设计类型与方法[M].天津：天津大学出版社，2007.

[6]王芳，刘梦园，王海婷.环境艺术设计初步[M].合肥：合肥工业大学出版社，2014.